# 大底盘多塔楼结构
# 桩基与基础优化设计研究

孙海忠　张治国　栗　新　著

上海科学技术出版社

# 内 容 提 要

  大底盘多塔楼结构是目前商务楼宇建设中较为热门的建筑结构形式之一,桩筏基础也是高层建筑常用的基础结构形式。本书主要涉及大底盘多塔楼结构桩基与基础变形及优化设计的基本理论及方法。全书共六章,内容主要包括:基坑开挖对邻近浅基础框架结构的影响分析、基坑开挖对邻近大底盘多塔楼结构影响分析、竖向荷载作用下大底盘多塔楼结构桩筏基础优化设计研究,以及工程实例等。

  本书可作为高等院校土建类、岩土工程专业和结构工程专业建筑桩基与基础优化设计课程的教材,也可供相关工程技术人员参考。

**图书在版编目(CIP)数据**

大底盘多塔楼结构桩基与基础优化设计研究 / 孙海忠,张治国,栗新著. —上海:上海科学技术出版社,2019.2

  ISBN 978 - 7 - 5478 - 4266 - 9

  Ⅰ. ①大… Ⅱ. ①孙… ②张… ③栗… Ⅲ. ①高层建筑—桩基础—建筑设计—研究 Ⅳ. ①TU473.1

  中国版本图书馆 CIP 数据核字(2018)第 268946 号

**大底盘多塔楼结构桩基与基础优化设计研究**

孙海忠  张治国  栗 新 著

上海世纪出版(集团)有限公司
上海科学技术出版社 出版、发行
(上海钦州南路 71 号  邮政编码 200235  www.sstp.cn)
浙江新华印刷技术有限公司印刷
开本 787×1092  1/16  印张 9.75
字数 180 千字
2019 年 2 月第 1 版  2019 年 2 月第 1 次印刷
ISBN 978 - 7 - 5478 - 4266 - 9/TU・272
定价:48.00 元

大底盘多塔楼结构是目前商务楼宇建设中较为热门的建筑结构形式之一，桩筏基础也是高层建筑常用的基础结构形式。鉴于桩基相关技术规范已将变刚度调平方法写入，故非常有必要针对大底盘多塔楼结构桩基、桩筏基础优化进行更详细的研究。

实际上，随着我国城市建设走向集约化、立体化发展道路，带多塔楼的统一、大面积地下室建筑工程越来越多，成为城市建设设计的新趋势。目前，带裙房的超高层上部结构与地基基础共同作用的研究较多，同时开展的大量现场试验和变形、应力测试也取得了很多研究成果。但是，针对多塔楼、大面积底板的桩基优化研究项目不多，现场实测和理论计算分析也相对薄弱。因此，对于大面积、统底盘、多塔楼建筑结构形式的桩基受力性质研究及基础底板的刚度研究尚待深入，以对桩基及基础进行优化设计，提高基础设计水平，获得较大经济效益。

本书首先研究了基坑开挖对邻近建筑的变形影响，重点针对梁、柱及浅基础结构受力和变形进行了研究；其次，以变刚度大底盘多塔楼结构桩筏基础为研究对象，以变刚度调平原则为指导，对桩筏基础进行一系列优化设计研究，其中变刚度的实现途径主要有变桩长、变桩径、变桩距等。最后，着重研究了改变桩长及筏板厚度后桩筏基础的变形规律和内力分布，以及不同桩筏基础下上部结构内力的变化特点，并通过工程实例，验证变刚度调平运用在桩筏基础上的优化效果，考虑基坑开挖对大底盘多塔楼结构的变形影响。

本书在编写中力求保持内容的完整性和系统性，其主要内容具体如下：

（1）基坑开挖对邻近不同角度建筑物变形的影响分析。包括当填充式框架建筑物与基坑成不同距离且任意角度时，邻近建筑受基坑开挖影响的变形规律将呈现差异；当二者相对角度不同时，邻近建筑物将会从单一的弯曲与剪切变形，逐步转变为弯曲、剪切变形与扭转变形共同作用的复合变形。

（2）基坑开挖对受损建筑结构的影响分析。包括通过对建筑物梁、柱受损刚度的调整，进而实现减小对历史建筑物刚度损伤的影响，研究了不同刚度填充框架建筑物的变形特征；基于既有历史建筑结构受基坑开挖影响，提出一定的加固措施。

（3）建筑结构-基础-地基共同作用分析。包括建筑物的基础和上部结构与其所作用的地基组成相互作用统一整体，三者存在着相互协调、约束的关系；针对条形浅基础框架结构，在竖向力作用下，框架相邻柱的变形特征和受力特点。

（4）变刚度调平原则。包括基于变刚度调平原则的理念，将调平方法运用于具体桩筏基础优化设计中;在不同调平方案下,研究桩筏基础受力、变形的差异性,选取工程设计上的最优方案;针对桩筏基础在不同优化设计方案下,上部结构的内力分布特点及变化规律。

(5)建立大底盘多塔楼结构及其桩筏基础数值分析。包括基于 Mohr-Coulomb 理想弹塑性模型,采用 Midas/GTS 有限元软件,建立大底盘多塔楼结构及其桩筏基础的三维有限元数值模型;在上部结构为双塔及两层地下室时,模拟不同优化设计方案下桩基与筏板变形特点及受荷规律。

(6)工程实例对比验证分析。包括针对上海南桥新城项目,通过建立整体三维有限元数值模型与实际工程设计进行对比,分析桩筏基础变形规律并对其设计的合理性进行验证;基于工程实例分析,提出在大底盘多塔楼结构下桩筏基础设计的重点和难点。

(7)基坑开挖对大底盘多塔楼结构的影响分析。包括针对大底盘多塔楼结构,研究在其周围开挖基坑时,多塔楼、地下室及其桩筏基础变形影响;针对开挖基坑对邻近建筑可能产生的不利影响,提出变形预警分析及相应的安全防护措施。

本书的出版,可明确大底盘多塔楼结构桩基与基础的受力特征和优化设计,提高相关设计施工研究人员对多塔楼、大底板综合体桩基、基础设计水平及设计施工研究人员的业务水平,同时对我国土建相关专业的市场竞争力和科技竞争力都有促进作用。

本书参编单位为上海理工大学和上海市建工设计研究院有限公司,作者为上海市建工设计研究院有限公司孙海忠、上海理工大学张治国、上海市建工设计研究院有限公司栗新,由上海理工大学张治国设计大纲并主持编写。上海理工大学研究生张瑞、贾延臣等进行了相关文稿编辑和图表制作处理工作。本书部分研究成果来自作者所主持的科研项目,本书作者与合作者在大底盘多塔楼结构桩基与基础优化设计领域进行了合作研究,在此对他们的帮助表示由衷感谢!在本书的编写过程中,也参阅了国内外相关学者论著与资料,还得到了来自上海市建工设计研究院有限公司的各位专家及上海理工大学各位老师的指导帮助,在此一并表示衷心的感谢!

大底盘多塔楼结构桩基与基础优化设计方法和理论技术在我国仍处在积累和高速发展的阶段,且属于经典的交叉学科范围。由于时间仓促和作者认识上的局限性,本书存在疏漏和不当之处在所难免,恳请广大读者不吝赐教、批评指正。

作　者

2018 年 10 月

# 目录

# 第 1 章

## 绪　　论

## 1.1　大底盘多塔楼结构及桩基础应用现状

### 1.1.1　大底盘多塔楼结构的工程应用

高层建筑可以使城市人口更加集中,也可以通过结构内部交错的通道缩短各个部门的距离,从而提高人们的工作效率。此外,高层建筑也可以在一定程度上缩短建筑工期并减少市政投资,更重要的是使大面积的建筑用地减少。而随着对高层建筑设计技术的丰富发展,高层建筑结构体系中的种类逐渐增多,如框架结构、剪力墙结构、框剪结构、筒体结构等。但在城市用地日益紧张的现实条件下,商住两用的大底盘多塔楼结构逐渐在高层及超高层建筑领域中广泛应用,该结构形式独特且其下部底盘结构空间大,适合商业使用;同时,上部塔楼结构紧凑,也可以用于住宅。所以,大底盘多塔楼结构是集商业休闲、办公和家用住宅于一体的多功能建筑,在国内应用广泛。

南京世茂 G11 项目(图 1-1)位于南京市建邺区集庆门大街南侧、江东中路东侧、云锦路西侧,是南京世茂新领航置业有限公司投资兴建的集商业、酒店、办公和公寓于一体的超高层综合体。

图 1-1　南京世茂 G11 项目

上海钢铁交易中心大厦(图 1-2)是第一钢铁市场的全球核心总部,地处中环路高架与逸仙路高架的交汇处,建筑分为 A、B 两座及裙房,总层数 17 层,地上 15 层,地下 2 层,建筑总高度 63.4 m。

图 1-2 上海钢铁交易中心大厦

上海雅居乐国际广场(图 1-3)是一幢集商场、酒店于一体的综合性超高层建筑,建筑高度 137.8 m,总建筑面积为 114 358 m²;塔楼共 37 层,其中包括地下室 3 层,裙房 9 层。项目整体分为酒店和商场两部分,裙楼主要是商场、宴会厅,塔楼为酒店及其配套措施。

图 1-3 上海雅居乐国际广场

唐山新华文化广场(图1-4)位于唐山市路北区新华道与文化路交叉口东北地块,总占地面积25 989 m²,规划用地面积22 614 m²,总建筑面积25.45万 m²,地上18.09万 m²,地下7.36万 m²。其中高档住宅5.1万 m²、高档写字楼3万 m²、中心商场8万 m²,属于高层建筑集群组成的大型高档和精品综合商业地标建筑。

图1-4 唐山新华文化广场

当代MOMA城(图1-5)位于北京东城区香河园路1号,地下2层连为一体,地上包括9个塔楼和1个影剧院,塔楼主要为住宅。此工程的结构设计极为复杂,包括纯地下室抗浮

图1-5 唐山新华文化广场

设计、地下结构的超长及不均匀沉降协调设计、主体结构悬挑和收进超限、高位多塔楼连体和大跨度连廊的舒适度等多个问题。

### 1.1.2 桩基础应用状况

桩基础是一种最古老、最基本、最常见的基础形式,使人类将建筑物建造在软弱地基上成为可能。在城市建设、交通旅游、市政规划的大发展中,作为一种有效的基础形式,桩基础在土木工程领域(如高层建筑、路桥、钻井平台、港口码头等)的工程建设中发挥着重要的作用。当地基土层无法承受上部建筑的荷载时,桩基础就可以将建筑上部全部或部分荷载经软弱土层传递到较坚硬的、压缩性小的深部土层或是坚硬岩层中去。简单地说,桩是一种具有一定刚度和抗弯能力的结构,虽然它属于结构力学中较为简单的一种结构形式,但是当受到不同的荷载作用或桩的几何形状及材料性质不同时,这些因素也决定了桩具有不同的工作特性。正是因为桩基础具有承载能力高、稳定性能好、抗震能力强、沉降变形小、适合机械化施工等优点,才使各种复杂的地质条件应用桩基础作为地基基础解决了许多工程难题。桩基础除了主要用于承受竖向荷载以外,还能承受侧向风力、土压力、地震力等水平力。

桩基础利用其自身多种独特的特点,在不同的工程中,桩基础可以发挥不同的作用:由于桩身与土的密切接触,上部结构荷载可以通过桩土接触面传递到桩周土中,也可以将荷载传递给更深层的较坚硬的土层或岩层,这样可以穿过软弱土层,提高基础的承载能力用以支撑大型、重型的建筑;对于某些对沉降要求很高的建筑,可以利用桩基础自身具有的较大竖向刚度的特点来获得较小、较均匀的沉降量来达到建筑的安全要求和使用需要;对于建造在液化土层上的建筑物,为了在地震中保持自身的安全性,可以使用桩基础来穿过液化土层,将上部荷载传递给稳定的不液化土层;在易发台风、地震地区或是在软弱地基上承受巨大水平荷载的建筑中,多采用水平受荷桩和抗拔桩来抵制外界产生的巨大水平力、上拔力,这正是利用了桩基础具有很大的侧向刚度和抗拔力的特点,确保高层建筑物和构筑物的安全;在施工水位或地下水位较高的地质环境中,若采用其他深基础,会造成施工不便或经济上不合理时,桩基可以通过桩体将荷载穿过水体传递到地基上,避免或减少在水下作业,可以达到节约建造成本、易施工、缩短工期的目的。

由于桩基础是将若干根单桩的顶部和承台联结成整体来共同承受上部荷载,并将上部荷载传递到地基较深处承载力较好的土层中的一种深基础,所以桩基础承台的结构形式和桩的布设取决于上部建筑的结构特点、工程地质条件和施工环境。当上部结构为剪力墙结构时,可以在墙下布设排桩,在一般情况下,剪力墙的厚度小于桩径,可以通过设置构造性的过渡梁来解决桩径大于剪力墙的问题;当建筑的地下室是具有底板、顶板、外墙和若干纵、横内隔墙构成的箱形基础时,可满堂布桩或按柱网轴线布桩;当在桥梁墩台下或框架结构的柱下时,通常需要在承台下布设若干根桩,构成独立的桩基础;当上部荷载较大时,在框架柱列之间常设置基础梁,沿梁的轴线方向设置排桩,构成梁式承台桩基;当承台采用筏板时,可按柱网轴线布桩,使得筏板不承受桩的冲剪作用,只承受水的浮力和有限的土反力;当上部荷载比较大,需要布桩较多时,沿轴线布置桩可能有困难,则可以在筏板下满堂布桩。

考虑高层和超高层建筑上部结构荷载相对较大的条件下,对地基沉降变形和承载性能的要求相对较高,天然浅基础已经远远不能满足要求,因此长大桩基作为一种深基础形式,正广泛地应用于高层和超高层建筑基础中(图1-6)。

(a) 上海超高层建筑          (b) 施工中的桩基

图1-6　桩基础运用于超高层建筑

其中,桩基础的工作原理为:上部结构荷载由承台传递分配到各桩,同时各桩将荷载以桩侧摩阻力的形式传递给桩侧土层,以桩端阻力的形式传递给桩端相对坚硬的土层。因此,桩基础相对其他浅基础类型,具有较高的承载力和较强的控制沉降变形能力。目前,高层和超高层建筑最常用的桩基础形式有桩筏基础和桩箱基础,筏板(或箱)和桩各自发挥自身优势,协同工作共同承担上部结构荷载,能大大增加基础承载力和控制沉降变形能力。

不同类型的桩基础,在施工时对环境具有不同的影响,其承载性能也不同,适用于不同的地质环境。桩可按桩身材料、截面形状尺寸、承载机理、对土层作用效应和施工方法等进行分类。

1) 按承台状况分类

(1) 低承台桩:指桩身全部埋于土中,承台底面与土体接触,承台本身承担部分荷载。

(2) 高承台桩:指承台底面高出地面,桩身暴露在地面以上的环境中。

2) 按材料分类

由木材、混凝土、钢筋、钢管等材料做成相应的桩型,即木桩、混凝土桩、钢筋混凝土桩、钢管(型钢)桩和复合桩。其中,钢筋混凝土又可分为普通混凝土、预应力混凝土、高强混凝土。

3) 按形状分类

(1) 按桩身纵断面:微型桩、树根桩、螺旋桩、楔形桩、多节(分叉)桩、扩底桩、支盘桩。

(2) 按桩身横断面:圆形、八边形、十字桩、X 形桩。

4) 按尺寸分类

(1) 小直径桩:即直径 $d \leqslant 250$ mm 的桩。

(2) 中直径桩:即直径范围为 $250$ mm$< d <800$ mm 的桩。

(3) 大直径桩:直径 $d \geqslant 800$ mm 的桩。

5) 按桩对土层作用效应分类

(1) 挤土桩:指随着桩在沉桩或沉入钢套管的过程中,桩身占据原土层的空间,桩周土被挤密或挤开,严重扰动周围土层,超孔隙水压力增长较大,土层结构发生破坏。此类桩有锤击或静压打入土中的预制桩、封底钢管桩和沉管灌注桩。

(2) 少量挤土桩:指在沉桩过程中,桩周土被挤密或被挤开的程度较小,即桩周土层受轻微扰动,土的结构和工程性质的破坏不明显。此类桩有打入式敞口桩、预钻孔打入式预制桩、沉管灌注桩。

(3) 非挤土桩:指在成孔或沉桩的过程中,周围的桩间土没有受到非挤土桩的挤压作用,土的结构和工程性质不受影响,同时不会引起土中超孔隙水压力的增长。此类桩有干作业法钻孔灌注桩、泥浆护壁法、套管护壁法钻(冲)孔。

6) 按承载性状分类

(1) 端承桩:指桩端坐落于较坚硬的土层,主要由桩端承受上部建筑的荷载,桩长一般不会太长。

(2) 摩擦桩:指主要由桩侧摩阻力来承受上部建筑的荷载,桩长一般较长。

7) 按桩的施工方法分类

(1) 预制桩:指在工厂或施工现场制作各种材料的桩身(如木桩、混凝土桩、预应力混凝土管桩、钢桩等),用锤击、振动或静压的方法将桩打入或压入设计的标高。

(2) 灌注桩:指在设计好的施工现场相应桩位上用钻、冲或挖等方法挖成截面为圆形的桩孔,再将加工好的钢筋笼放入圆孔中,然后现场将混凝土浇筑在放有钢筋笼的圆孔中。

8) 按使用功能分类

(1) 竖向抗压桩:指桩身轴向受压,主要由桩端阻力和桩侧摩阻力承受上部建筑传来的竖向荷载,其中两种阻力并不是同时发挥作用,工作时的桩身强度要验算轴心抗压强度。

(2) 竖向抗拔桩:指当验算抗浮力可能不满足要求时,需要设置承受上拔力的桩来抵抗上拔力。

（3）水平受荷桩：指桩基础主要承受水平荷载，或是用于防止土体、岩体滑动的抗滑桩。

（4）复合受荷桩：指当上部结构传递给桩的水平荷载和竖向荷载都较大时，需要同时验算竖向和水平两个方向的承载力而设置的桩。

传统桩筏基础设计中，上部结构内力分析以假定基础为绝对刚体为前提，并将上部结构内力分析结果直接作为外荷载作用于基础上，假定荷载全部由各桩承担，其计算方法只考虑静力平衡条件，平均分配到各桩，且大多采取均匀布桩（等桩长、等桩径、等桩距）的方式，往往忽略上部结构、承台、桩土的共同作用，而事实上群桩效应会使得各桩竖向支承刚度由外向内逐渐减小。均匀布桩情况在均布荷载作用下由于群桩效应必然会出现"碟形"分布的差异沉降，即中桩部分沉降明显大于边桩部分，而对于荷载分布为内大外小的框剪、框筒、筒中筒结构的高层和超高层建筑，其"碟形"差异沉降就会更加明显。在这样的条件下，一方面使得差异沉降会大大增加，同时承台弯矩也会明显增加，进而会使承台配筋量增加，不利于节省成本；另一方面，差异沉降过大会使得上部结构产生较大的次应力，超出一定额度后会使建筑物产生裂缝、倾斜甚至发生破坏，从而会大大减少建筑物正常使用寿命。

一些设计者为减小桩筏基础差异沉降，盲目地增加桩数、桩长、桩径和承台厚度等，结果必然会大大增加基础设计成本，造成不必要的浪费，且违背了"节能减材"的绿色设计理念；同时也会加剧筏板反力和桩顶反力的不均匀性以及基础底板的内力，因此桩基优化设计已经成为当前群桩基础设计中不可避免的重要问题。另外，高层和超高层建筑体积、质量、刚度一般都较大，结构体系也较为复杂，若仍假定基础为绝对刚体，不考虑共同作用，其计算设计结果与实际情况必然会有较大差距，因此其桩基优化设计应在考虑上部结构-地基-基础共同作用的基础上进行，共同作用在连接点处需同时满足静力平衡与变形协调条件。

同时，为解决城市空间拥堵等问题，地下空间的利用成为工程热点。地铁、地下商业街等地下工程均须进行深基坑开挖。深基坑工程大多数为临时性工程，由于预算紧张，加之影响其质量的因素众多（主要包括外力、变形、土性的不确定性及偶然因素引起的不确定性）目前深基坑工程发生事故的概率较高，而且表现出典型的地区性、突发性和社会性。如南京地铁2号线深基坑事故频发，主要是基坑塌方、涌水，基坑周边道路开裂，邻近建筑物开裂与倒塌等。从本质上来说，基坑工程事故主要涉及土体的变形、稳定及渗流破坏问题，导致事故的原因可归纳为勘察因素、设计方案因素（计算模型与方法、参数等）、施工质量问题、基坑中地下水及其他水患、基坑管理不善、综合因素影响等。在深基坑工程中，国内主要采用连续墙支护结构（适合软土地层，如上海、广州）、排桩支护（传统方法，适用广泛）、

SMW 工法(应用较少)等;关于深基坑的研究,主要采用经验公式法、模型试验法、现场实测法、数值计算法等,这些方法各有优缺点,更多场合则是将这些手段结合应用,这些方法在研究深基坑施工产生的环境效应的方面取得了很多有价值的研究成果,但是还存在一些问题。近年来,考虑到深基坑工程的特殊性,我国在深基坑的科研方面加大了力度,学者的研究精力更多放在与设计施工相结合的反演、预测、试验等科研工作上来,包括挡土结构、支撑体系、计算方法、施工方法与措施、现场监测等,特别重视深基坑的信息化施工技术,通过现场施工全过程的实时监控,采用反分析方法,提供基坑设计的有效参数。在一些全国性的会议上也有基坑工程的专题或以基坑工程为主题,出版了不少专著,学术讨论热烈,成果不断涌现,形成了一门前沿学科。

### 1.1.3 桩基础优化理念

针对等刚度均匀布桩差异沉降较大,有时可能会造成相当严重的后果,我国最新修订的《建筑桩基技术规范》(JGJ 94 - 2008)在总结十多年来桩基础设计施工及最新科研成果的基础上,增加了变刚度调平设计的概念以及相应的实施措施,首次将变刚度群桩基础设计写入规范,突破传统等刚度均匀布桩模式,通过变桩长、变桩径、变桩距等途径来实现。变刚度调平设计纳入规范在很大程度上为设计人员在桩基础设计时提供了指导。在变刚度调平设计理论的指导下,目前已有不少工程案例,如上海中心大厦、威海海悦大厦、北京银泰中心等在满足地基承载力与变形的基础上采用此种设计方法,在一定程度上控制差异沉降,保证其正常使用功能,取得相当大的经济效益,展示出其广泛的应用前景与发展空间。因此对于变刚度桩筏基础工作性能的研究在高层和超高层建筑地基基础设计中占据着重要地位。变刚度调平设计的基本目标是尽可能减小建筑物差异沉降,以降低承台内力和避免上部结构产生较大的次应力,减小承台或筏板厚度和配筋,改善其使用功能,节约投资成本,获得较大的经济效益。

然而对于变刚度桩基础的设计规范并没有给出具体的规定,高层和超高层建筑采用群桩基础,特别是桩筏基础时,采用不同的桩筏组合方式(筏板的厚度不同,基桩的平面布置不同,桩数、桩径、桩长、桩距不同)均能实现桩土共同承担上部结构荷载,以满足地基承载力与沉降变形要求,但是不同的布桩方式可能会导致用桩量和地基承载力的发挥相差较大,后果当然是造成工程造价相差悬殊,对于桩基础的优化存在很大的空间。因此,需要正确认识桩筏基础的工作性状,研究如何在满足上部结构荷载要求的前提下,合理地选择布桩方式,以使桩间土承载力也能得到充分发挥,最大程度地减小上部结构产生的次应力和用桩量,这将对实际桩筏基础工程提供重要的参考理论与实践价值。

桩筏基础优化设计应该包含两个层次:桩型优选和细部优化设计。桩型优选是从桩筏基础工程的整体出发、面向问题的一种优化设计，它从解决问题的关键处入手，针对施工现场的地质及水文等情况选择合理的桩型。而细部的优化设计就是在保证桩筏基础安全的前提下，确定出一系列的优化设计参数达到使基础变形小或造价低的目的。

桩型优选对于细部的优化设计可以起到一定的指导作用，而细部的优化设计是与所确定的桩型相对应的，进行桩筏基础的优化设计必须将桩型优选与细部优化设计相结合，其第一项关键工作就是根据工程实际情况确定一个合理的桩型，然后再进行桩筏基础细部的优化设计计算。如果桩型选择合理，就能够保证工程安全可靠、施工顺利、节约工期、产生较好的经济效益和社会效益，因此桩基础选型是进行桩筏基础优化设计的一个关键问题，同样也应该属于优化设计的范畴，但是由于桩型不能进行量化，所以在实际优化中往往不能将其作为优化变量来处理。为了避免这个问题，本此研究引入了桩型优选的内容，运用多目标模糊决策与层次分析相结合的方法确定出最佳桩型，再进行桩筏基础细部的优化设计时，这样就可以将其作为已知优化参数来处理，从而使设计更加趋于最优化。

对于桩筏基础细部设计的研究应该是多方面的，比如降低工程造价、提高桩基承载力、减小群桩沉降、优化桩的布置等。大多数学者都是以桩筏基础总造价作为优化目标，经过研究，所建立的总造价目标函数得到了不断的改进与完善，但依然存在一定的问题：一方面，对于具体的设计而言，面对的是一个较为复杂的问题，在以往建立成本目标函数的时候，只是考虑了桩筏基础的直接造价，而并没有考虑施工方面的影响，与实际施工情况脱节，往往造成所得到的优化结果只是符合理论上的最优，而并不一定是符合施工上可行的最佳设计方案，有可能在具体实施中施工难度较大，导致工期延长，造价反而会增加，那么进行优化设计也就失去了意义；另一方面，仅仅以桩筏基础的总造价作为优化目标函数，这样存在的一个弊端就是工程造价趋于最小时往往同时也会引起桩筏基础功能的降低。对于桩筏基础最优设计目标，仅仅是造价最低或功能最好都是比较片面的，最好的设计应该是在造价与功能之间寻求一个最优平衡点，做到既要保证桩筏基础的长久安全性，又要保证经济的合理性。但是在同一工程中，这两个功能可能并不是同等重要，目前以控制沉降为主的设计思路逐步趋于主流，打破了以往以承载力控制为主的传统思路。但是不论是以沉降控制为主还是以承载力控制为主进行设计都存在一定的片面性，并不是全部适用的。在很多工程中，可能是因为采用浅基础承载力不足而采用的桩筏基础，这时承载力控制起主导作用，若天然地基满足承载力要求时，可以忽略对桩基承载力的要求，而以沉降控制为主。建立桩筏基础优化设计模型时应该全面考虑问题，避免片面性的思考，这样所建立的数学模型才更能贴合实际情况，获得最优结果。

针对上述两方面问题，将以考虑设计方案施工难易度的桩筏基础工程综合造价作为成本评价指标，桩基承载力与沉降变形作为两项功能评价指标，建立以桩筏基础整体价值最大为优化目标的数学模型,从而寻求工程价值最大化。

目前,深基坑工程变形控制设计理论研究及相关规范滞后于我们所面临的工程实践,且工程规模及复杂程度也超过以往的经验。因此必须认识到,既有建(构)筑物周边的基坑工程,在开挖施工中采取恰当的保护和预先防范措施是必要的,但要做到绝不对既有建(构)筑物产生作用也是不现实和没有必要的。具体到各个工程,其施工条件千变万化,基坑工程的环境保护原则是将变形控制在一定范围内,以综合考虑经济性和安全性的双重要求。邻近既有建(构)筑物抵抗附加变形的能力及基坑开挖对其的影响机理认识不够深入,无法对相邻建(构)筑物的保护提出明确要求并采取适当措施。基于现状,有必要针对深大基坑开挖施工对邻近既有建(构)筑物的影响课题,总结现有的工程实例得到规律性的结论和经验,并在设计理念和计算方法方面进行深入研究,提出一套适用的变形控制指标,以在设计和施工的层面对深基坑工程给出理论指导及建议,对工程周围建筑给予有效、适合的保护。

## 1.2  现有研究成果

桩筏基础得到广大设计人员的广泛关注,由于其具有承载能力高、沉降相对较小、控制不均匀沉降能力强等特点,成为当前软土地基上高层建筑中主要的基础形式之一。由于等刚度均匀布桩会出现“碟形”差异沉降,导致上部结构产生较大的次应力,甚至发生倾斜倒塌,还会造成投资成本增加,而变刚度桩筏基础基本会克服这些缺点,故国内外专家学者一直进行桩筏基础性能的研究,目前也已经取得了一定的研究成果。由于上部结构形式的不同,会导致基础的刚度及平面布置形式不同,因而对于桩筏基础来说,其存在着很大的优化空间,进而会减少投资成本。

变刚度布桩与等刚度均匀布桩相比,桩顶反力与承台沉降有很大不同,图 1-7 所示为等刚度均匀布桩与变刚度布桩时承台沉降变形与桩顶反力示意图。如图 1-7a 所示,等刚度均匀布桩出现“碟形”差异沉降,而且桩顶反力边桩大于中桩,即反力分布呈现马鞍形分布方式;如图 1-7b 所示,变刚度布桩模式各基桩沉降差相对较小,桩顶反力分布情况与等刚度均匀布桩完全相反。

在进行高层和超高层建筑桩基础设计时,需考虑上部结构-基础-地基的共同作用,其中变刚度调平设计原理为:上部结构-基础-地基三者共同制约高层和超高层建筑基础沉降,当三者共同作用时,若仅增大基础刚度,对于较软的地基土且荷载大而分布不均的情况,其效果并不明显。而通过改变桩土支承刚度,可使得各桩沉降趋于均匀,高层建筑通过此法进行桩基优化设计,可达到减少甚至消除差异沉降的效果。国内外专家学者围绕此进行了

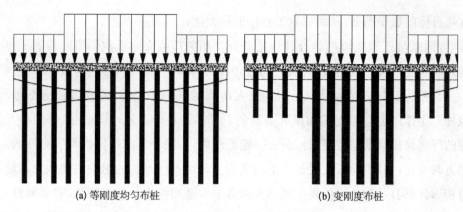

(a) 等刚度均匀布桩　　　　　　　　　(b) 变刚度布桩

图 1-7　均匀布桩及变刚度布桩筏板变形及桩顶反力图

一系列的科学研究。

目前针对桩筏基础优化设计的研究方法主要有简化解析法、数值模拟法及模型试验法等。

1) 在简化理论方面

1994 年，Randolph 总结了国外桩筏基础的三种设计方法：① 传统方法，几乎不考虑筏板的承载能力，承载能力和沉降变形全部由桩承担；② 屈服桩基础方法，人们在实践中发现第一种设计方法过于保守，设计考虑群桩中的单桩发挥极限承载能力的 70%～80%，桩、筏共同承担荷载；③ 基于差异沉降控制的方法，采用变刚度设计的方法，通过合理的布置桩距和桩长来减小差异沉降，而不是单单减少总沉降。

1997 年，陈祥福首次提出空间变刚度等沉降设计概念与相应的设计方法，即考虑桩-地基土-承台间的共同作用，按照长桩控制沉降、短桩承载，将长短桩组合，打破了传统布桩模式。

1997 年，阳吉宝和赵锡宏依据箱（筏）基础设计规范和桩基设计规范建立数学优化模型，将群桩与筏板的混凝土总造价最低作为优化目标，以桩长、桩间距、桩数及筏板厚度为优化变量，采用复形调优法进行优化设计，约束条件主要包括筏板刚度、底板厚度、沉降变形、最小桩长、桩间距、桩数约束。所建立的数学模型仅包括混凝土造价，而没有考虑钢筋的造价，因为钢筋价格很高，所以也不容忽略，该目标函数的建立与实际情况有较大差距，不是太合理。

1998 年，李海峰和陈晓平采用常规设计方法与共同作用分析的优化设计理论相结合的寻优方法，以桩数、筏板厚度作为决策变量，优化目标为桩筏基础总造价最低，按照建筑桩基技术规范的要求，在满足承载力、沉降、剪切、冲切、抗弯及构造要求等约束条件下，反复对筏板厚度及桩数进行调整计算，直至通过对比得到满足要求的优化方案，但通过对比得到的方案具有一定的局限性,可能并不是所求问题的最优解。

2001 年,龚晓南通过简单算例讨论"外强内弱""外弱内强"的两种布桩方案,通过结果对比分析得出外弱内强的布桩方案能减小沉降差。

2001 年,陈明中采用序列二次规划法对桩筏基础进行了优化设计的研究,建立了比较合理的数学优化模型,以群桩和筏板的混凝土及钢筋造价之和最小作为优化目标,分别以桩长、桩径、桩间距、筏板厚度、筏板外挑长度作为优化变量,分区域采用变桩长、变桩径、变桩距的方法进行优化,经优化结果得出"内强外弱"布桩方式的合理性,相比于上述得到的优化结果更加符合工程实际需求,但是对于边桩、角桩和中心桩的划分是人为划分的,难以保证得到的是最优解。

2008 年,Leung 等提出优化桩筏基础中桩长的两种方法,通过优化既可以增加群桩的刚度,又可以减小足以引起上部结构变形和开裂差异沉降。

2008 年,李宝华和韩静云提出实际工程中可视情况采取变桩长、变桩径、变桩距、局部增强或两种以上的组合等措施对框筒、框剪等结构体系地基基础进行变刚度调平设计。

2011 年,张乾青和张忠苗在之前等桩长、等桩径相互作用系数推导的基础上,在弹性理论下得出变桩长、变桩径双桩相互作用系数,并推广到变刚度群桩基础沉降计算上。

2011 年,杨明辉和张小威等提出了一种计算软土中考虑桩与桩之间共同作用的群桩沉降的简化方法,并通过与试验数据的对比验证该方法的可行性。

2012 年,姜文辉等采用变刚度迭代法进行基础刚度调平计算,桩顶刚度形成桩土体系刚度矩阵,在桩顶刚度(常刚度)共同作用计算结果表明,桩顶反力与假定布桩桩顶反力不同,在新桩顶反力作用下采用 Mindlin 法重新计算桩基沉降,再重新确定各桩刚度,进行整体计算分析,直至桩顶位移与计算桩顶反力作用下桩基沉降值小于某特定值为止。

2012 年,周峰和林树枝对桩土之间共同作用分析方法进行了归纳总结,将其分为补偿位移法、预加位移法和刚度调整法三类,并对其进行比较,得出各种方法的优缺点及适用情况。

2013 年,肖俊华通过对于高层建筑的桩筏基础的研究,采用 Mindlin - Geddes 方法计算桩筏基础中筏板内力、筏板刚度及基础沉降,并通过实例证明该方法的可行性。

2014 年,陈龙珠和梁发云等采用边界元法和积分方程法对竖向荷载作用下含不同桩长、桩径的桩筏基础进行研究,其中包括桩间相互作用系数的研究,得出桩间相互作用系数计算方法。

2015 年,Ghalesari 和 Barari 等通过具体实例设计出最优桩长和桩位布置方案,指出桩筏基础经济和实用的设计通过进行桩长和桩位优化设置进行。

2016 年,刘昌军详细论述了复合地基变刚度调平设计的规范依据及应用方法,并将桩基规范中承台底地基土分担荷载的复合桩基沉降计算方法引入复合地基沉降计算中，以体现桩位平面布置（即竖向支承刚度分布）对地基沉降的影响，为复合地基设计提供了一种新方法。

2016 年，刘伟鹏应用粒子群算法进行桩筏基础的优化设计，以桩筏基础混凝土和钢筋造价最低为目标函数，以桩长、桩径、桩间距和筏板长度、宽度、厚度作为决策变量，在编制优化程序时输入各土层参数，可实现对土层的自动分层，完成桩筏基础的承载力、沉降变形等各种计算，与以往仅考虑单一的均质土层相比更符合实际情况。

2）在数值模拟方面

2004 年，张建辉等人针对非均匀布桩的桩筏基础采用筏基无单元法对筏板进行模拟，以桩与桩、桩与土互相作用的新模型为基础，建立了层状地基上桩筏基础与地基共同作用的新模型。经工程实例计算和分析表明该方法具有较好的实用性和可靠性。

2005 年，何艳平等人结合工程实例，通过对长短桩基础进行三维弹塑性有限元分析，揭示长短桩共同工作机理，通过长短桩的数量、桩长和布桩位置等参数对长短桩的设计进行了优化和分析，验证和评价长短桩方案的合理性和安全性，对此新型结构的设计提供理论支持。他指出在各个荷载工况中，角桩受力最大，边桩次之，中间桩受力最小，故建议长桩尽量布置在外圈。

2005 年，杨敏和杨烨等人针对土层中存在上下两层或多层可供利用的桩端持力层，且建筑物对沉降要求较高的情况，根据减沉桩原理，提出了长短桩组合桩基础设计思想，并利用 ANSYS 对全短桩、全长桩及长短桩组合桩基础在竖向荷载作用下的变形特性进行三维有限元分析。分析结果表明长短桩组合桩基础不仅可以大量减少长桩用量，而且可有效地控制基础整体沉降和差异沉降，其应用前景良好。

2006 年，王伟和杨敏采用三维弹塑性有限元法对全长桩、全短桩、长短桩组合桩基础和长短桩复合地基进行了数值模拟计算，得出长短桩组合桩基础比长短桩复合地基更有利于承载和控制沉降。

2006 年，王伟等人采用 ANYSY 有限元方法对全短桩、全长桩、长短桩复合地基和长短桩桩基础进行了比较分析。针对不同基础类型，分析了桩顶沉降、桩顶荷载大小和长短桩的桩身轴力随深度的分布规律，指出全长桩基础的沉降最小，长短桩基础的沉降次之，全短桩基础和长短桩复合地基较大。长短桩复合地基中长桩的中性点位置比长短桩基础的要浅一些，受到的负摩阻力小。对于长短桩基础和长短桩复合地基中短桩发挥程度而言，长短桩基础中短桩发挥得更为充分，并且长桩的最大桩身轴力相对较小。

2008 年，陈亚东和宰金珉利用 ABAQUS 对两种桩筏基础模型进行了三维弹塑性分析，通过无厚度的接触单元模拟桩与土之间的非线性接触特性，分析了沉降、桩土荷载分担比以及筏下土体附加应力等变化情况,验证了复合桩基理论的正确性。

2008 年,彪仿俊等采用 ABAQUS 就空中华西村进行整体三维建模,较真实地模拟了实际工程,重点分析了筏板在施工过程中的开裂和沉降问题,为桩筏基础的设计提供依据。

2009 年,尹骥采用三维地基-基础-上部结构的分析方法,利用三维岩土工程有限元程序 Zsoil.PCV2009,计算了一个采用长短桩基础的剪力墙结构的沉降,并根据桩基础施工时土体的扰动情况,提出了桩基沉降计算的"大值"和"小值",并分别采用了 Mohr - Coulomb 模型和 HSS 模型进行计算。计算结果表明,长短桩基础的沉降及长短桩基础的内力分配情况与选择的本构模型有较大关系。

2010 年,郭院成等利用有限元数值分析方法分析比较平面变刚度、竖向变刚度和空间变刚度三种变刚度调平设计方法对减小桩筏基础差异沉降的不同效果。

2011 年,李庆和曹恒亮利用 ANSYS 有限元软件建立了一个长短桩基础的三维弹塑性模型,通过分析长短桩基础的受力性状,进一步验证了长短桩基础的适用性。先利用弹性模型计算改变长短柱的数量、桩长及布桩位置等参数的模型,再利用弹塑性模型对优化方案进行计算。

2012 年,武志伟和刘国光根据一个工程实例,利用有限元法分析了底板刚度、变形量和弯矩分布与长短桩基础的关系,得到了底板厚度与工程造价之间的关系曲线。采用桩基检测试验获得了桩基在荷载作用下的真实性能曲线,即实现了工程造价最优,又确保设计安全可靠。结果表明,长短桩基础可以通过缓解底板变形和内力重分布来降低底板厚度和配筋,既保证了结构安全性,又降低了工程造价。

2013 年,李永乐等以某工程算例为基础,考虑上部结构-桩筏基础-地基共同作用,通过有限元分析法改变桩长、桩径、桩距等,得出高层建筑中桩筏基础的最佳设计方案。

2013 年,寿明鑫等介绍了天津某既有续建工程中长短桩筏基础的设计情况并研究了长短桩桩筏基础工程在深厚软土地区的工程性状。在多位学者对长短桩复合地基的沉降研究理论成果的基础上,将简易理论法应用到长短桩桩筏基础中,提出了一种适用于长短桩桩筏基础的沉降计算的方法,并对沉降修正系数进行了讨论。结合工程实际,利用 ABAQUS 有限元软件分析了长短桩筏基础工程特性随桩距、布桩方式、桩长、筏板厚度、桩周土及桩端土性状的变化规律。

2016 年,赵昕等结合工程实例,从地基沉降的时变性规律及上部结构的时变性规律出发,采用以时间切片的形式考虑时变效应的分析方法,通过 PLAXIS 和 ETABS 软件分析超高层建筑地基-基础-上部结构共同作用体系的时变性对桩筏基础筏板弯矩的影响。

2017 年,周峰通过对工程设计及数值分析过程的详细论述与描写,并将现场测试数据与分析结果进行对比分析,验证可控刚度桩筏基础应用于该项目的合理性与可靠性。

3）在模型试验方面

2000 年，刘金砺通过试验结果研究分析提出变刚度调平设计的概念与优化方法，即调整上部结构刚度、地基土刚度、桩土刚度来进行优化设计，使差异沉降最小。

2006 年，杨桦在其博士论文中基于常规桩基础分析方法和沉降控制理论，提出了关于高层建筑长短桩组合桩基础设计思想。同时在同济大学实验室对长短桩组合桩基础进行了室内模拟实验，进一步分析了长短桩基础在竖向荷载作用下的工作性状。他认为长短桩基础的沉降计算必须考虑桩筏共同作用，传统的等代实体基础法不适用于长短桩基础。基于长短桩基础的工作性状，提出了计算长短桩基础沉降的方法，认为沉降计算时压缩层厚度可取统一值，不必长桩、短桩分别取值。应用量纲分析的方法得出了长短桩基础工程设计的主要因素，并且对何种条件下设计采用长短桩基础给出了判定公式。

2008 年，钱晓丽采取室内模型试验和有限元模拟进行分析变刚度群桩基础的工作性能研究，得出变刚度群桩基础沉降规律，并且对结果进行线性回归得出沉降差计算公式。

2011 年，中国建筑科学研究院王涛等同样在北京郊区进行了大比例尺室外模型试验，该试验为带裙房的高层建筑桩基础优化设计，考虑共同作用效应，实现局部平衡，整体协调，通过试验进一步分析验证了变刚度调平设计时群桩基础的工作性能与规律。

2013 年，Basuony 通过模型试验研究分析了单桩、筏板基础、桩筏基础在砂土地基中的承载与沉降性能，并且分析了桩的长细比、筏板的相对刚度、筏板厚度对承载和沉降性能的影响。

2013 年，刘传平以宁波市商会·国贸中心为例，介绍了针对多塔楼高层建筑基础采用变刚度调平概念的设计方法；为协调各塔楼间基础的不均匀沉降，对竖向荷载较小的塔楼基础采用了复合桩基的设计方案，并在基础结构设计中应考虑上部荷载和刚度差异引起的沉降耦合控制。

2015 年，Abdrabbo 和 El-wakil 通过模型试验研究不同桩长、不同桩径的桩对群桩工作性能影响。

2015 年，王涛通过桩基变刚度调平设计的框筒结构体系大比尺模型试验和实际工程桩顶反力测试结果均显示工作荷载作用下，核心筒不同区位桩顶反力随荷载水平的提高而增加，核心筒外围框架柱下桩顶反力也与核心筒下桩顶反力一样趋于均匀。可见，变刚度调平设计可调整反力分布，改善筏板的受力性状。

2015 年，蒋刚通过桩筏基础系列模型试验数据，整理出桩与地基土荷载分担百分比与总荷载关系曲线，桩、地基土及桩筏整体安全系数与总荷载关系曲线。分析表明：桩间距不同，桩筏基础承载过程中桩与地基土荷载分担比不同，分担比的不同是承载主体不同的量化表现；桩筏基础承载过程中桩、地基土及桩筏基础整体安全系数是不一样的，桩筏基础整体安全系数更多取决于承载主体的安全系数;提出了能够反映桩筏基础承载过程中桩与地基土各自承载状态及荷载分担的桩筏基础安全度计算式。

2016 年,肖俊华等对上海环球金融中心实测沉降结果进行研究,分析坑底的回弹、沉降随时间的发展规律,并通过沉降推测上部结构刚度的变化情况。软土地区深埋桩筏基础沉降与加荷速率、基坑回弹、附加应力在桩长及桩下土中的传递、基坑降水与停止降水等多种因素有关。即使是施工加荷速率相对稳定时,基础沉降-时间关系曲线也并非理想的双曲线。建筑物施工初始阶段沉降速率较小,与深基坑回弹密切相关,建筑物接近封顶时往往沉降速率较大,可能与附加应力传至桩端以下土中有关。

由此可见,目前对桩筏基础优化设计的研究已经基本趋于成熟,大多数优化设计是仅针对桩筏基础,不考虑上部结构刚度对整体沉降所做的贡献。现实工程实例告诉我们,上部结构的刚度对桩筏基础贡献往往不可忽略,同时针对上部结构为大底盘多塔楼结构形式的基础优化设计并没有进行较深入的研究,因此下一步有必要对大底盘多塔楼结构桩筏基础的优化设计做进一步的研究。

针对基坑开挖诱发邻近建筑或构筑物的变形分析,国内外众多学者对此也进行了较多研究。

1969 年,Peck 研究指出基坑施工不同时段对应的围护结构的侧移呈现出不同的形式。

1990 年,Clough 和 O'Rourke 研究指出围护结构变形形态可分为悬臂式、内凸式、组合式三种类型,即图 1-8a 为侧向位移峰值出现在围护结构顶部的悬臂式变形;图 1-8b 为侧向位移峰值出现在围护墙体中部的内凸式变形;图 1-8c 为悬臂和内凸相互组合的形式。

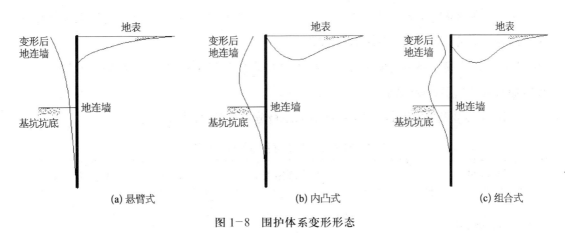

图 1-8 围护体系变形形态

2012 年,郑刚等采用土体小应变计算模型,并与工程实测进行对比,认为基坑围护体系存在悬臂式变形、组合式变形、内凸式变形及踢脚式变形的四种侧向位移类型,如图 1-9 所示。

围护体系的水平位移因场地土质物理特性、支护刚度、施工方法的不同而存在明显差异,且其侧移量随着基坑开挖深度的增加而增大。开挖初始时期,由于坑内支撑体系尚未

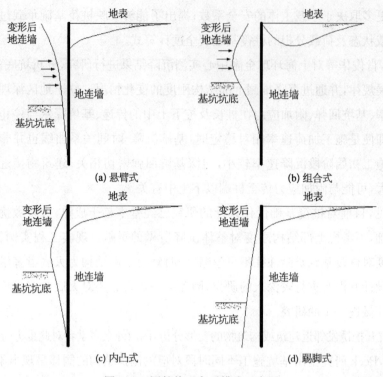

图 1-9　围护体系变形模式示意图

安装,围护结构水平位移出现在其顶部位置,呈现出悬臂形态。基坑施工的继续及支撑体系的安装,对围护结构顶部侧移产生了约束作用,此时围护结构向坑内凸出的最大侧向位移逐渐向开挖面附近移动。当基坑开挖超过一定深度范围时,由于土层构造特殊性将导致围护结构最大侧移的位置向围护墙上部移动。

2009 年,刘国彬和王卫东认为施工场地的土层条件及坑内支护方法对基坑围护体系的最大侧移量产生了重要影响。

2010 年,郑刚和焦莹对以往学者的研究进行分类总结,见表 1-1。

表 1-1　墙体最大水平位移与开挖深度的关系

| 研究学者 | 土质、支护特征 | | $\delta_{h\max}/H_e$(%) |
| --- | --- | --- | --- |
| Goldberg 等(1976) | 软黏土 | 钢板桩 | >1 |
| | | 地连墙 | 0.25 |
| | 砂土、砂砾土、硬黏土 | | <0.35 |
| Carder(1995) | 硬黏土 | 支撑刚度高 | 0.125 |
| | | 支撑刚度中等 | 0.2 |
| | | 支撑刚度低 | 0.4 |

（续表）

| 研究学者 | 土质、支护特征 | | $\delta_{hmax}/H_e(\%)$ |
|---|---|---|---|
| Wong 等(1997) | 下卧良好土层 | 开挖深度内软土层厚度($<0.9H_e$) | $<0.5$ |
| | | 开挖深度内软土层厚度($<0.6H_e$) | $<0.35$ |
| 崔江余等(1999) | 良好地基 | 边长$<30$ m | $0.5\sim1.0$ |
| | | 边长 $30\sim50$ m | $1.0\sim1.5$ |
| | | 边长$>50$ m | $>1.5$ |
| | 一般地基 | 边长$<30$ m | $1.5\sim2.0$ |
| | | 边长 $30\sim50$ m | $2.0\sim2.5$ |
| | | 边长$>50$ m | $>2.5$ |
| | 软弱地基 | 边长$<30$ m | $2.5\sim3.5$ |
| | | 边长 $30\sim50$ m | $3.5\sim4.5$ |
| | | 边长$>50$ m | $>4.5$ |
| Long(2001) | 开挖深度内软土层厚度$<0.6H_e$ | 内支撑 | 0.13 |
| | | 锚杆 | 0.14 |
| | | 逆作法 | 0.16 |
| Yoo(2001) | 上覆硬黏土、残积土、砂土，下卧风化岩石、软岩、硬岩 | 排桩 | 0.15 |
| | | 搅拌桩 | 0.13 |
| | | 灌注桩 | 0.14 |
| | | 地连墙 | 0.05 |
| | | 内支撑 | 0.13 |
| | | 锚杆 | 0.11 |
| Moormann(2004) | 软黏土($c_u<75$ kN/m$^2$) | 排桩、土钉、搅拌桩、地下连续墙 | 0.87 |
| | 硬黏土($c_u>75$ kN/m$^2$) | | 0.25 |
| | 非黏性土 | | 0.27 |
| | 成层土 | | 0.27 |
| Wang 等(2005) | 软 土 | | $<0.7$ |
| Leung 等(2007) | 标准贯入试验 $N\leqslant30$ | | 0.23 |
| | 标准贯入试验 $N>30$ | | 0.13 |

(续表)

| 研究学者 | 土质、支护特征 | | $\delta_{h\max}/H_e(\%)$ |
|---|---|---|---|
| 王建华等(2005) | 逆作法 | | 0.1~0.6(0.26) |
| 徐中华等(2007) | 上海地区饱和软黏土 | 逆作法,方形基坑 | 0.1~0.6(0.25) |
| | | 逆作法,圆形基坑 | 0~0.1(0.05) |
| | | 顺作法 | 0.42 |
| | | 连续墙、灌注桩 | 0.1~1(0.44) |
| | | 钢板桩 | 0.3~0.35(1.50) |
| | | SMW | 0.15~0.75(0.41) |
| | | 工法水泥土搅拌桩 | 0.3~2.5(0.91) |
| | | 复合土钉 | 0.2~0.9(0.55) |
| 徐中华等(2008) | 地连墙,顺作法 | | 0.1~1.0(0.42) |
| 徐中华等(2009) | 上海地区采用灌注桩支护 | | 0.1~1.0(0.44) |
| 武朝军等(2010) | 苏州地区 | | 0.05~0.3(0.16) |
| 江晓峰等(2010) | 上海地区超深基坑<br>(开挖深度大于 19 m) | 逆作法 | 1.93 |
| | | 半逆作法 | 1.74 |
| | | 顺做法 | 2.36 |

注：① $\delta_{h\max}$ 为坑外土体降值峰值或围护结构水平位移峰值；
②　$H_e$ 为基坑开挖深度；
③　$c_u$ 为土体极限黏聚力。

基坑施工过程中,由于基坑支撑体系及围护结构的自重,使得基坑围护体系产生向下的沉降位移,其中墙体底部的沉渣清理等情况可能使其位移加大。同样,坑底土体隆起将会导致墙体产生回弹。当基坑内土体发生较大隆起时,坑内支撑立柱及围护结构随之上浮,从而减小二者的竖向位移沉降差,并削弱了支撑体系的附加弯矩和附加剪切应变,有利于保证围护结构的安全性。由此可见,不同程度竖向位移将会对围护结构产生不同程度的影响,对整个施工阶段安全的影响不可忽略,需要给予足够的重视。

深基坑施工过程中,因开挖条件不同,在土体卸荷作用下坑底将会出现不同程度的隆起现象。影响坑底隆起的主要因素包括土体回弹模量、基坑周边荷载、围护结构插入深度、坑底承压水及开挖工艺。

当卸荷作用使得坑底土体发生隆起时,坑底隆起最大值发生在坑底中央部位,回弹位移最小值则发生在坑底角部位置,整个坑底隆起呈现出锅底反扣形态,此时围护墙体起到了明显的约束作用。同时,当承压含水层位于坑底以下时,由于其浮托力作用亦会导致坑底隆起现象的产生。

# 第 2 章

基坑开挖对邻近浅
基础框架建筑影响分析

　　本章基于有限元软件,建立了基坑-建筑物整体三维有限元模型,进而将二者变形的相互耦合关系加以考虑,从而更加精细地对建筑物的变形进行分析。模拟过程中,为正确评估邻近建筑物受基坑开挖影响的变形,本章采用修正 Mohr-Coulomb 土体模型来模拟具体土层物理力学参数,并对基坑开挖尺寸、围护体系、建筑物的几何尺寸及材料参数等进行详细的模拟。

## 2.1　Mohr-Coulomb 模型简介

　　Mohr-Coulomb 模型屈服面函数为

$$F = R_{mc}q - p\tan\varphi - c = 0 \tag{2-1}$$

式中,$\varphi$ 为材料的摩擦角;$c$ 是材料的黏聚力;$p$ 是平均应力;$q$ 为偏应力;$R_{mc}$ 计算公式见式(2-2),其为影响屈服面形状的主要因素。

$$R_{mc} = \frac{1}{\sqrt{3}\cos\varphi}\sin\left(\theta + \frac{\pi}{3}\right) + \frac{1}{3}\sin\left(\theta + \frac{\pi}{3}\right)\tan\varphi \tag{2-2}$$

其中,$\theta$ 是极偏角,定义为

$$\cos(3\theta) = \frac{r^3}{q^3} \tag{2-3}$$

其中,$r$ 为第三偏应力不变量 $J_3$。

　　图 2-1 给出了 Mohr-Coulomb 模型屈服面在子午面和 π 面上的形状。

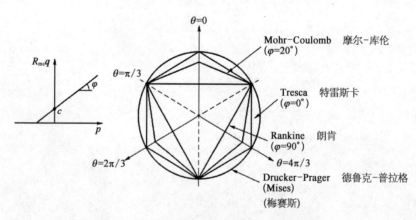

图 2-1　Mohr-Coulomb 模型中的屈服面

　　Mohr-Coulomb 模型由非线性弹性模型和弹塑性模型组合,适用于淤泥或砂土行为特性。修正 Mohr-Coulomb 模型可以模拟不受剪切破坏或压缩屈服影响的双硬化行为。由

初始偏应力引起的轴应变和材料刚度的减小,虽然类似于双曲线(非线性弹性)模型,但相对于弹性理论,更接近塑性理论,并且考虑岩土不同的剪胀角及采用屈服帽。主要非线性参数如下。

1) 弹性模量

Mohr-Coulomb 模型对材料模拟更加详细,弹性模量可根据加载和卸载设置不同的值,但一般情况下卸载时弹性模量设置更大的值,以防止开挖模型时由于应力释放引起的过大隆起(膨胀现象)。

$E_{50}^{\mathrm{ref}}$ 为标准排水三轴试验对应的割线模量,建议取值为 $E_i \times (2 - R_f)/2$;

$E_{\mathrm{oed}}^{\mathrm{ref}}$ 为固结仪加载对应的切线模量,建议取值与 $E_{50}^{\mathrm{ref}}$ 相同;

$E_{\mathrm{ur}}^{\mathrm{ref}}$ 为卸载/重新加载模量,建议取值为 $3 \times E_{50}^{\mathrm{ref}}$;

$m$ 为应力水平相关幂指数,建议取值为 $0.5 \leqslant m \leqslant 1$,硬土取 0.5,软土取 1;

$c$、$\varphi$ 采用 Mohr-Coulomb 模型的破坏参数;

$\psi$ 为最终剪胀角,参考值取 $0 \leqslant \psi \leqslant \varphi$。

2) 参考压力

用于三轴试验的参考压力,为非线性弹性曲线上的特定强度。

3) 孔隙率

孔隙与土壤颗粒之间的体积比值称作孔隙比,孔隙率是指孔隙与包含水的土的体积比。因此,孔隙率 $\leqslant 1$,一般取 0.6。

4) KNC

KNC 是正常固结的岩土的土压力系数 $K$ 的百分比(最大正应力作用时的有效水平应力的比),可以用 $1 - \sin \varphi$ 表示;一般黏土的情况下,因为内摩擦角接近 0,因此该值接近 1,但不能小于 0。

5) 帽(Cap)

过高的压力作用在土体上时会发生压缩破坏的情况。通常情况下,引起破坏的压力非常大,为了更准确地模拟土体的压缩行为,模型考虑了圆或椭圆的压缩破坏屈服面,称为帽(Cap)。

6) 剪切硬化行为

剪切硬化行为可以用 $\varphi$ 和 $K = \sqrt{\dfrac{2}{3} r^{\mathrm{p}} \cdot r^{\mathrm{p}}}$ 的关系来输入,然后膨胀角 $\sin \psi$ 由 Row 的公式 $\left( \sin \psi = \dfrac{\sin \varphi - \sin \varphi_{\mathrm{cv}}}{1 - \sin \varphi \sin \varphi_{\mathrm{cv}}} \right)$ 来计算。其中,$r^{\mathrm{p}}$ 为偏塑性应变;$\varphi_{\mathrm{cv}}$ 为摩擦角;$K$ 为等效塑性应变。

7）压缩硬化行为

用前期超负载压力 $p_c$ 来表示压缩硬化行为：

$$p_c = p_{ref} \left[ \left( \frac{p_{co}}{p_{ref}} \right)^m + \frac{m}{\Gamma} \Delta \varepsilon_v^p \right]^{\frac{1}{m}} \tag{2-4}$$

式中，$p_{co}$ 是前期超负载压力；$\Gamma$ 是帽的硬化辅助变量；$\Delta \varepsilon_v^p$ 是修正 Mohr-Coulomb 模型中的压缩硬化行为的体积应变的变化量。

## 2.2 三维模型的建立

### 2.2.1 历史建筑物计算参数选取

基坑施工场地邻近一历史建筑，该建筑形式为填充式框架，采用宽 0.75 m、厚 0.9 m 的条形浅基础。建筑物纵向长为 22.5 m，横向宽为 13.5 m，高为 9 m，框架结构，总计 3 层且层高均为 3 m。门、窗洞口的尺寸分别为 2.0 m×1.5 m、1.8 m×1.5 m，门或窗均位于墙的中间位置。建筑物整体尺寸如图 2-2 所示；建筑物正立面尺寸如图 2-3 所示，其纵向为 5 开间，间距为 4.5 m；建筑物背立面与侧立面尺寸如图 2-4 所示，其横向为 3 开间，间距为 4.5 m。

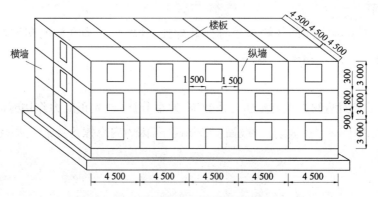

图 2-2　建筑物整体尺寸示意图（单位：mm）

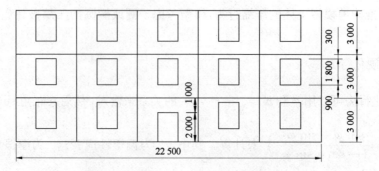

图 2-3　建筑物正立面示意图（单位：mm）

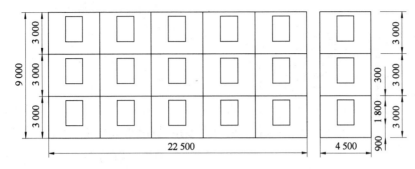

图 2-4　建筑物背立面与侧立面示意图（单位：mm）

数值模型中墙体和楼板均假定为理想弹性材料。建筑物的墙体和楼板弹性模量和泊松比分别取为 220 MPa 和 20 GPa,0.1 和 0.2;厚度分别取为 0.24 m 和 0.1 m,且均采用板单元模拟。此外,考虑到结构构件由于时间及地质灾害造成的损伤,通过对结构材料弹性模量进行折减加以实现。

考虑梁、柱对建筑物的结构整体性影响,梁采用 C30 混凝土材料,柱采用 C40 混凝土材料。梁、柱尺寸分别取 250 mm×600 mm,500 mm×500 mm,均考虑理想弹性材料,并采用梁单元。通过对梁、柱材料弹性模量进行折减,以考虑其非连续介质及其随时间的损耗和破损。

### 2.2.2　土体及施工参数选取

现场地层包括五种土层,依次为素填土、褐黄色粉质黏土、灰色淤泥质粉质黏土、灰色淤泥质黏土及灰色粉质黏土。本节土体采用修正 Mohr-Coulomb 模型,仅考虑土体各向同性,采用 3D 实体单元模拟,土物理参数见表 2-1。

表 2-1　土层物理力学参数

| 土层名称 | 层厚 $d$ m | 重度 $\gamma$ kN/m | 压缩模量 $E_s$ MPa | 泊松比 $v$ | 黏聚力 $c$ kPa | 内摩擦角 $\varphi$ ° | 割线模量 $E_{50}^{ref}$ MPa | 卸载模量 $E_{ur}^{ref}$ MPa | 破坏比 $R_f$ |
|---|---|---|---|---|---|---|---|---|---|
| 素填土 | 2.0 | 18.0 | 2.55 | 0.33 | 0 | 20.0 | 23 | 69 | 0.9 |
| 褐黄色粉质黏土 | 3.0 | 18.4 | 4.48 | 0.32 | 19 | 19.0 | 40 | 120 | 0.9 |
| 灰色淤泥质粉质黏土 | 4.0 | 17.4 | 2.54 | 0.32 | 11 | 16.0 | 20 | 60 | 0.9 |
| 灰色淤泥质黏土 | 8.0 | 16.8 | 2.09 | 0.33 | 10 | 12.0 | 16 | 48 | 0.9 |
| 灰色粉质黏土 | 23.0 | 18.1 | 4.66 | 0.29 | 15 | 18.0 | 30 | 90 | 0.9 |

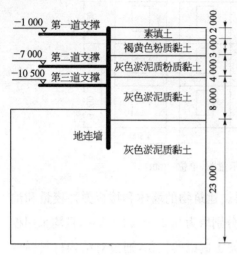

图 2-5 基坑开挖示意图(单位:mm)

### 2.2.3 基坑施工参数选取

地下连续墙弹性模量和泊松比分别为 $2.5 \times 10^7$ kN/$m^2$ 和 0.25,厚度为 0.7 m,插入深度为 7 m,采用板单元模拟。基坑开挖深度为 15 m,为避免基坑不均匀支撑现象的出现,坑内支撑采用板单元模拟,板厚为 0.8 m,弹性模量取为 $3.75 \times 10^5$ kN/$m^2$,泊松比取为 0.2。混凝土支撑截面中心标高分别为 -1 m,-7 m,-10.5 m,基坑开挖示意图如图 2-5 所示。

数值模型整体长取 180 m、宽取 210 m、高取 40 m。基坑开挖范围长取 80 m、宽取 80 m、开挖深度取 15 m。基坑-建筑物整体模型如图 2-6 所示。

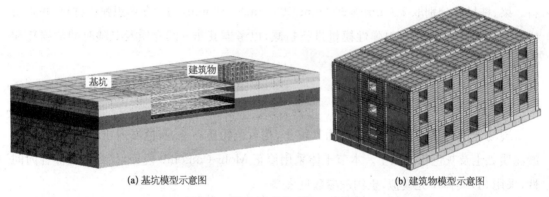

(a) 基坑模型示意图  (b) 建筑物模型示意图

图 2-6 基坑-建筑物有限元离散图

有限元软件可以自动在俯视图中,通过混合形网格生成器(六面体主导)生成非结构化的二维有限单元网格,同时可进行整体与局部网格细分。在二维有限单元网格的基础上进行竖向拉伸,进而生成三维结构化网格,如图 2-7 所示。

模拟工序包括:

(1) 建立基坑及建筑物模型,并划分网格;

(2) 激活土体及建筑物模型,平衡地应力;

(3) 将上一步位移清零,激活地下连续墙,实现围护结构的施作;

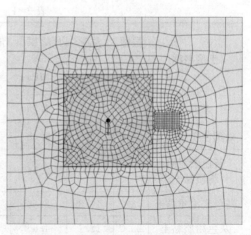

图 2-7 模型平面网格划分示意图

（4）第一步开挖至—3 m,并架设第一道支撑(混凝土支撑截面中心标高为—1.0 m);第二步开挖至—5 m;第三步开挖至—8 m,并架设第二道支撑(混凝土支撑截面中心标高为—7.0 m);第四步开挖至 — 12 m,并架设第三道支撑(混凝土支撑截面中心标高为—10.5 m);第五步开挖至—15 m,并激活底板。

## 2.3　基坑开挖对邻近任意角度建筑物的变形影响分析

基坑开挖打破了施工场地土体原始的平衡应力场,同时建筑物存在且与基坑边相对距离与角度不同时会显著改变基坑周围土体的位移场,这使得建筑物因不均匀沉降导致自身内部应力重新分布,产生较大附加变形,从而导致结构局部开裂、损伤。对于历史性框架建筑而言,由于历史原因其结构严重老化,建筑物容许变形能力显著降低。当建筑物与基坑边成任意角度时,建筑物不仅产生单一的弯曲与剪切变形,同时还会导致建筑物发生显著扭转变形,因此将建筑物与基坑边之间相对距离与角度加以考虑,针对基坑开挖对邻近框架结构的变形影响深入研究具有深远现实意义。

本节采用三维有限元法,模拟了基坑与填充式框架建筑相互作用,并将建筑物与基坑开挖面所成不同角度加以考虑,重点研究了该条件下基坑施工过程中浅基础框架建筑墙体倾斜、相对挠曲变形及墙体、框架内力分布趋势。

### 2.3.1　模拟方案

为了深入研究建筑物与基坑成任意夹角时,建筑结构受基坑开挖扰动的影响,取建筑物正立面纵墙近基坑端 $O$ 点为定点,如图 2-8 所示,该定点 $O$ 与基坑边的水平距离 $D$ 依次

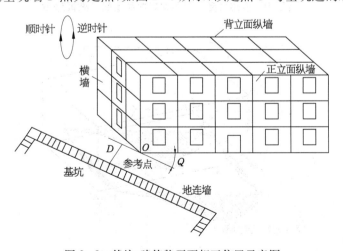

图 2-8　基坑-建筑物平面相互位置示意图

取为 1 m、5 m、9 m 和 12 m，同一距离下，建筑物与基坑边所成夹角分别为 30°、45°、60°和 90°（即建筑物纵墙与基坑边垂直）进行分析。

### 2.3.2 建筑物横、纵墙倾斜和水平位移变化规律

以 $D=1$ m 为例，由图 2-9 建筑物三维沉降等值线图可知，$\alpha$ 成任意值时，基坑开挖所引起建筑物不均匀沉降将导致其产生横、纵墙倾斜和水平位移。为了进行量化，如图 2-10 所示，$O'A'$ 为建筑物纵墙所在位置，$O'B'$ 为横墙所在位置，$O'C'$ 为建筑物垂直高度方向。$A$、$B$ 为框架纵、横向基础的变形截止点。以建筑物纵墙为例，$H$ 为纵墙实际沉降曲线最大值点，将 $H$ 点相对于 $A$ 的差异沉降与两点之间的水平距离进行比值，其值定义为纵墙倾斜 $k$，计算结果见表 2-2。其中，建筑物横、纵向水平位移方向与基坑横、纵向保持一致。

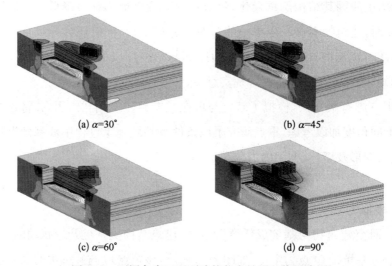

(a) $\alpha=30°$      (b) $\alpha=45°$

(c) $\alpha=60°$      (d) $\alpha=90°$

图 2-9 不同角度工况下建筑物和地层三维沉降图

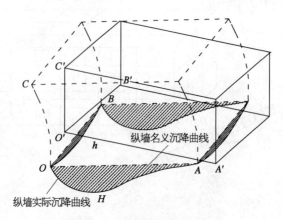

图 2-10 纵墙倾斜计算示意图

表 2-2　建筑物墙体倾斜和横、纵向水平位移

| 参　数 | | 墙体倾斜 $k$(mm/m) | | 墙体水平位移(mm) | |
|---|---|---|---|---|---|
| $\alpha(°)$ | $D$(m) | 纵　墙 | 横　墙 | 纵　向 | 横　向 |
| 30 | 1 m | 0.42 | 0.34 | 19 | 3 |
| | 5 m | 0.42 | 0.53 | 21 | 4 |
| | 9 m | 0.39 | 0.52 | 18.6 | 4 |
| | 12 m | 0.29 | 0.4 | 15.4 | 3.5 |
| 45 | 1 m | 0.55 | 0.27 | 18.8 | 2.8 |
| | 5 m | 0.51 | 0.35 | 20.3 | 3.7 |
| | 9 m | 0.43 | 0.37 | 17.6 | 3.45 |
| | 12 m | 0.32 | 0.29 | 14.8 | 3 |
| 60 | 1 m | 0.62 | 0.26 | 18.5 | 2.5 |
| | 5 m | 0.57 | 0.19 | 19.7 | 2.87 |
| | 9 m | 0.49 | 0.26 | 17.16 | 2.58 |
| | 12 m | 0.36 | 0.21 | 14.37 | 2.12 |
| 90 | 1 m | 0.7 | — | 17 | — |
| | 5 m | 0.67 | — | 19 | — |
| | 9 m | 0.62 | — | 20 | — |
| | 12 m | 0.48 | — | 17.5 | — |

由表 2-2 可知：

(1) 当距离 $D$ 保持不变时，纵墙的倾斜值随着 $\alpha$ 的增大呈增长趋势。以 $D=1$ m 为例，纵墙倾斜值分别为 0.42、0.55、0.62、0.7。由此可知，当 $\alpha=90°$ 时建筑物纵墙变形最大，此时建筑结构位于坑外地层沉降槽最低点上方。当角度 $\alpha$ 保持不变时，纵墙的倾斜值随着逐渐远离基坑开挖面呈减小趋势。以 $\alpha=90°$ 为例，纵墙倾斜值分别为 0.7、0.67、0.62、0.48。

(2) 当距离 $D$ 保持不变时，横墙的倾斜值随着 $\alpha$ 的增大呈减小趋势。以 $D=1$ m 为例，横墙倾斜值分别为 0.34、0.27、0.26。由此可知，当 $\alpha=30°$ 时建筑物横墙变形最大。当角度 $\alpha$ 保持不变时，随着其逐渐远离基坑开挖面，横墙的倾斜值在 $D=9$ m 处达到峰值。以 $\alpha=45°$ 为例，横墙倾斜值分别为 0.27、0.35、0.37、0.29。此外，对比横、纵墙倾斜值可知，当 $D \geqslant 5$ m 时，随着 $\alpha$ 的增大，墙体倾斜形态由横墙倾斜为主逐渐变为横、纵墙倾斜大致相同，最终转变为以纵墙倾斜为主。

(3) 当距离 $D$ 保持不变时，其横向水平位移最大值随着其与基坑边所成角度的增大而逐渐减小。以 $D=1$ m 为例，横向水平位移峰值分别为 3 mm、2.8 mm、2.5 mm。$\alpha$ 保持不

变时,其横向水平位移最大值则出现在 $D=5$ m 时。以 $\alpha=60°$ 为例,建筑物横向水平位移依次为 2.5 mm、2.87 mm、2.58 mm、2.12 mm。

(4) 当距离 $D$ 保持不变且 $D \leqslant 5$ m 时,其纵向水平位移最大值随着 $\alpha$ 的增大呈减小趋势。以 $D=1$ m 为例,建筑物纵向水平位移最大值依次为 19 mm、18.8 mm、18.5 mm、17 mm,而当 $D \geqslant 5$ m 时,最大纵向位移则出现在 $\alpha=90°$ 时。当 $\alpha$ 保持不变时,其纵向水平位移最大值则随着水平距离 $D$ 的增大,先增大后减小,当 $\alpha=90°$ 时,最大值出现 $D=9$ m 处,其余角度时,最大值均出现在 $D=5$ m 处。

### 2.3.3　建筑物纵墙相对挠曲变形规律

如图 2-10 所示,曲线 $OHA$ 为建筑物纵墙实际沉降曲线,虚线 $OhA$ 为建筑物纵墙名义沉降曲线(即纵墙两端点连接形成的直线)。将建筑纵墙相对挠曲变形值以建筑物纵墙实沉降曲线与建筑纵墙名义沉降曲线所对应的值的差值为基准。

由图 2-11 可知,夹角 $\alpha$ 为任意值时,正立面纵墙的相对挠曲变形形式随着其与水平距离 $D$ 的改变而具有明显差异。

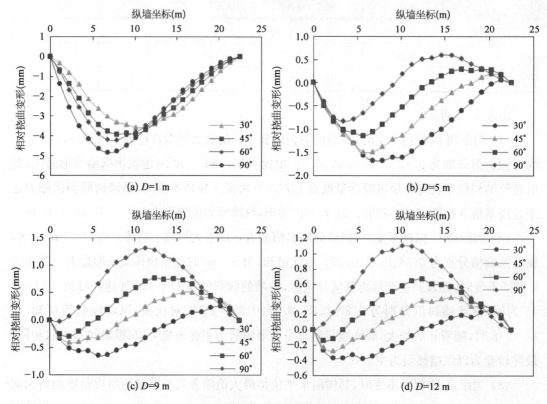

图 2-11　建筑物纵墙相对挠曲变形曲线

当 $D=1$ m 时,纵墙呈下凹形态的相对挠曲。当 $\alpha=30°$ 时,纵墙相对挠曲最小,峰值仅为 3.58 mm。当 $\alpha=45°$ 和 $\alpha=60°$ 时,建筑物纵墙相对挠曲变形逐渐增大,其值分别为 3.92 mm、4.21 mm。当 $\alpha=90°$ 时,建筑物的相对挠曲程度最为明显,峰值达到 4.85 mm,此时建筑物最不安全。

当 $D=5$ m 时且 $\alpha$ 成任意角度时,纵墙相对挠曲变形形式呈现明显差异。当 $\alpha=30°$ 时,建筑物正立面纵墙相对挠曲主要呈下凹形态,相对挠曲变形最大值为 1.67 mm。当 $\alpha\geqslant30°$ 时,正立面纵墙均表现为"∽"形的相对挠曲变形,且随着角度 $\alpha$ 的增长,"∽"形的相对挠曲变形逐步明显。"∽"形的相对挠曲变形特点如下:下凹挠曲变形主要发生在纵墙邻近开挖面一侧,上凸挠曲变形主要发生在纵墙远离开挖面一侧。最大相对挠曲变形值随着角度的增大而逐渐减小,且均发生在近基坑侧纵墙下凹相对挠曲变形中,最大值分别为 1.49 mm、1.14 mm、0.83 mm。

当 $D=9$ m 时,伴随角度 $\alpha$ 的增大,建筑物正立面纵墙相对挠曲变形将由"∽"形态逐步转变为上凸形态。当 $\alpha=30°$ 时,正立面纵墙下凹相对挠曲变形较为明显,相对挠曲变形最大值发生在邻近开挖面一侧纵墙,其峰值为 0.65 mm。当 $\alpha=45°$ 和 $\alpha=60°$ 时,建筑物"∽"形的相对挠曲变形较为明显,且纵墙主要以上凸相对挠曲变形为主,相对挠曲变形最大值分别为 0.51 mm、0.77 mm。当 $\alpha=90°$ 时,建筑物正立面纵墙将发生单纯的上凸相对挠曲变形,此时相对挠曲变形值最大,其值为 1.31 mm。纵墙上凸相对挠曲变形程度将在当建筑物与基坑垂直且中部位于天然地表沉降槽中上凸挠曲率最大处时达到最大。

当 $D=12$ m 时,纵墙的相对挠曲变形值较其他水平距离 $D$ 情况下变形值明显减小。当 $\alpha=30°$ 时,建筑物正立面纵墙在呈现较为明显下凹相对挠曲变形,相对挠曲变形最大值为 0.37 mm。当 $\alpha\geqslant30°$ 时,建筑物纵墙主要发生上凸相对挠曲变形,且变形值随着角度的增大而逐渐增大,其值分别为 0.41 mm、0.67 mm、1.1 mm。

### 2.3.4　建筑物扭转变形规律

为研究房屋结构的扭转变形规律,将采用如下计算方法:首先分别将正、背立面纵墙所对应的沉降值各自与其对应的最小沉降值作差,然后将两者所得结果进行差值,将此差值定义为建筑结构的扭转变形。

当 $\alpha\neq90°$ 时,由于建筑物正、背立面纵墙存在差异沉降,因此建筑物不仅发生相对挠曲变形,同时建筑物还将发生不同程度的扭转变形,为形象地了解扭转变形性状,本节选取了不同施工距离条件下任意角度建筑物的沉降云图,如图 2-12～图 2-15 所示。

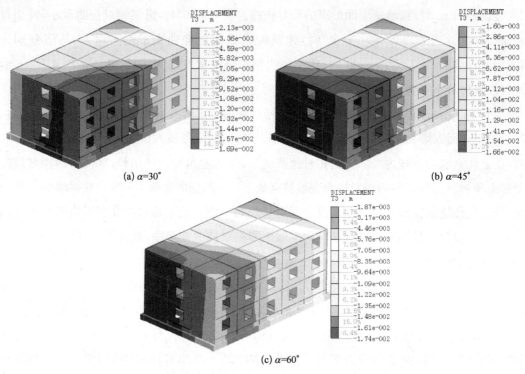

图 2-12　D=1m时建筑物任意角度沉降图

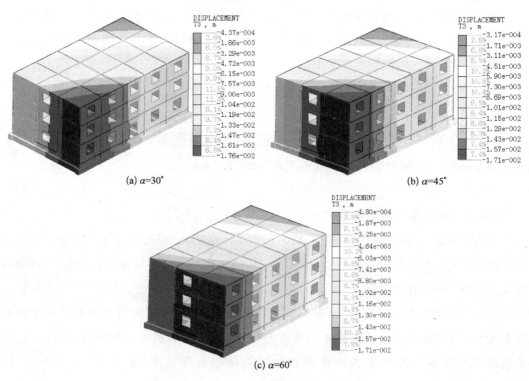

图 2-13　D=5m时建筑物任意角度沉降图

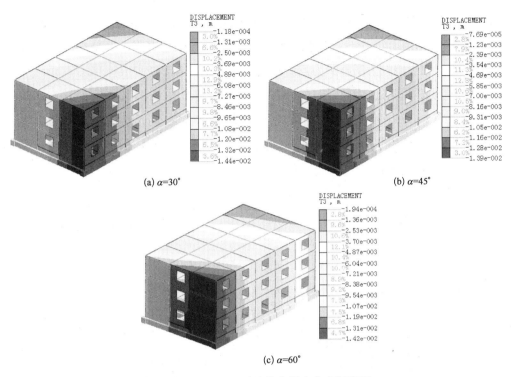

图 2-14　D=9m 时建筑物任意角度沉降图

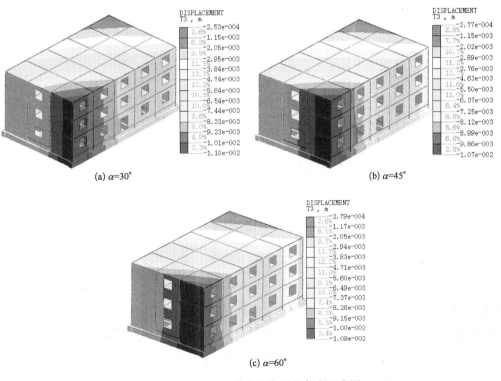

图 2-15　D=9m 时建筑物任意角度沉降图

由图 2-12~图 2-15 可知,建筑物整体沉降趋势随着其与基坑角度的改变而呈现明显差异。以 $D=5$ 为例,当 $\alpha=30°$ 时,建筑物 17.6~14.7 mm 的沉降主要集中在参考点转角附近,其中正立面纵墙较大沉降最为集中。当 $\alpha=45°$ 时,建筑物 17.1~14.3 mm 的沉降主要集中在参考点转角附近,大致成对称分布。当 $\alpha=60°$ 时,建筑物 17.1~14.3 mm 的沉降集中区域逐步有参考点两侧转移到邻近基坑侧横墙。对比不同角度时建筑物的沉降分布发现其沉降分布趋势始终与基坑开挖面保持平行,这表明坑外土体的不均匀沉降作用使得建筑物发生一定程度扭转。

图 2-16 所示为纵墙扭转变形曲线。

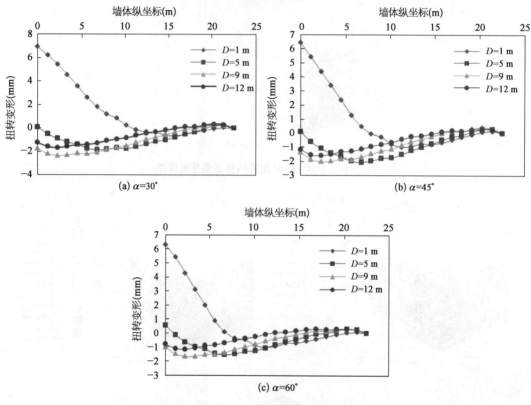

图 2-16 纵墙扭转变形曲线

由图 2-16 可知,当 $D=1$ m 时,建筑物的下凹挠曲变形将使得其发生逆时针扭转变形,其扭转变形将随着与基坑开挖面之间角度的增大而逐渐减小。当 $\alpha=30°$ 时,扭转变形最大,其峰值为 6.9 mm。当 $\alpha=45°$ 时,扭转变形次之,其峰值为 6.5 mm。当 $\alpha=60°$ 时,扭转变形最小,其峰值为 6.3 mm。当夹角 $\alpha$ 保持不变时,建筑结构均在 $D=1$ m 时扭转变形达到峰值。

$D \geqslant 5$ m 时,建筑物的上凸挠曲变形将使得其发生顺时针扭转变形,并且 $\alpha$ 保持不变时,伴随着水平距离 $D$ 的增大,建筑结构的扭转变形先增大后减小。以 $\alpha=30°$ 为例,当 $D=$

5 m 时,建筑结构顺时针扭转变形的峰值达到 $-1.83$ mm。当 $D=9$ m 时,建筑结构顺时针扭转变形达到最大,其峰值达到 $-2.33$ mm。当 $D=12$ m 时,建筑结构顺时针扭转变形有所减小,其峰值达到 $-1.65$ mm。当角度 $\alpha$ 为任意值时,建筑结构扭转变形峰值出现位置略有不同。当 $\alpha=30°$ 且 $D=9$ m,建筑结构所对应扭转变形最为显著,峰值达到 $-2.33$ mm。当 $\alpha=45°$ 时且 $D=5$ m 时,建筑结构所对应扭转变形最为显著,峰值达到 $-2$ mm。当 $\alpha=60°$ 且 $D=9$ m,建筑结构所对应扭转变形最为显著,峰值达到 $-1.68$ mm。

### 2.3.5 建筑物纵墙主拉应变分布规律

当 $\alpha=90°$ 时,正、背立面纵墙因基坑开挖的称性,所对应拉应变分布趋势差异不大,因而只针对正立面纵墙进行数值分析,如图 2-17 所示。

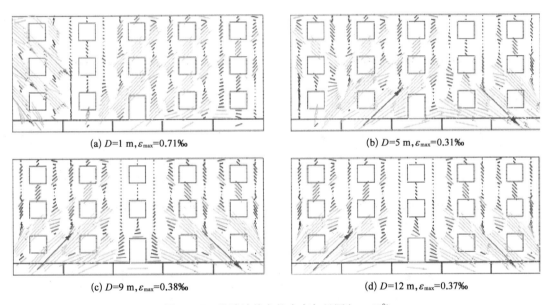

(a) $D=1$ m, $\varepsilon_{max}=0.71‰$        (b) $D=5$ m, $\varepsilon_{max}=0.31‰$

(c) $D=9$ m, $\varepsilon_{max}=0.38‰$        (d) $D=12$ m, $\varepsilon_{max}=0.37‰$

图 2-17 纵墙墙体主拉应变矢量图($\alpha=90°$)

当 $D=1$ m 时,建筑物相对挠度呈单一的下凹变形形态,纵墙主拉应变大致呈 45°,主要分布于纵墙位于土体沉降最大值的两侧,并且主拉应变最大,为 0.71‰,由此可知,较大的单一变形作用将导致纵墙产生较大值的拉应变。分布特点如下:① 应变较为集中区域发生在门、窗与墙交接处;② 应变分布区域沿楼层往上相对缩小;③ 建筑物纵墙近基坑端应变最为集中,最大主拉应变发生在一层窗与墙交接处。

当 $D=5$ m 时,"$\infty$"形的挠曲变形将使建筑物纵墙近基坑侧和远基坑侧均产生大致呈 45°方向的纵墙主拉应变。一层窗间墙依然为应变较为集中区域,且远离基坑开挖面一侧的墙体拉应变明显大于邻近基坑开挖面一侧的墙体拉应变,说明此时建筑物主要以上凸挠曲变形为主,主拉应变的最大值为 0.31‰。

当 $D \geqslant 9$ m 时,纵墙的因上凸变形作用将使得其两端产生大致 45°方向的主拉应变。纵墙一层两端窗间墙主拉应变最为集中,且随着距离的增大,建筑物一层纵墙邻近基坑端的主拉应变将更加显现。当 $D = 9$ m 时,正立面纵墙的主拉应变最为显著,其峰值为 0.38‰。

图 2-18～图 2-20 为当建筑结构斜交于基坑开挖面时,其纵墙主拉应变的变化情况。当建筑物跨越坑外沉降槽最低点时,正立面纵墙邻近基坑开挖面一侧及背立面纵墙远离基坑开挖面一侧的主拉应变较为集中,建筑结构的相对扭转使得正、背立面纵墙拉应变分布

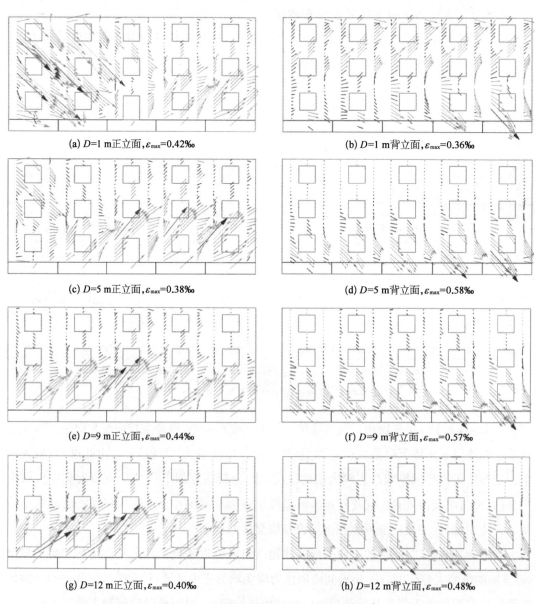

(a) $D = 1$ m 正立面,$\varepsilon_{max} = 0.42‰$

(b) $D = 1$ m 背立面,$\varepsilon_{max} = 0.36‰$

(c) $D = 5$ m 正立面,$\varepsilon_{max} = 0.38‰$

(d) $D = 5$ m 背立面,$\varepsilon_{max} = 0.58‰$

(e) $D = 9$ m 正立面,$\varepsilon_{max} = 0.44‰$

(f) $D = 9$ m 背立面,$\varepsilon_{max} = 0.57‰$

(g) $D = 12$ m 正立面,$\varepsilon_{max} = 0.40‰$

(h) $D = 12$ m 背立面,$\varepsilon_{max} = 0.48‰$

图 2-18　纵墙墙体主拉应变矢量图($\alpha = 30°$)

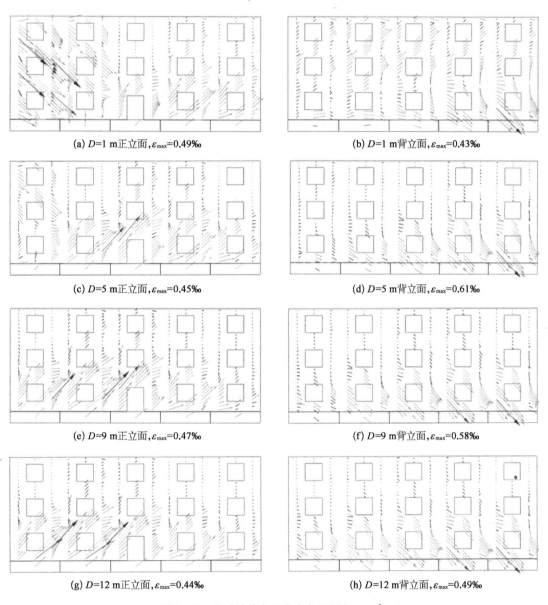

(a) $D$=1 m正立面,$\varepsilon_{max}$=0.49‰

(b) $D$=1 m背立面,$\varepsilon_{max}$=0.43‰

(c) $D$=5 m正立面,$\varepsilon_{max}$=0.45‰

(d) $D$=5 m背立面,$\varepsilon_{max}$=0.61‰

(e) $D$=9 m正立面,$\varepsilon_{max}$=0.47‰

(f) $D$=9 m背立面,$\varepsilon_{max}$=0.58‰

(g) $D$=12 m正立面,$\varepsilon_{max}$=0.44‰

(h) $D$=12 m背立面,$\varepsilon_{max}$=0.49‰

图 2-19　纵墙墙体主拉应变矢量图($\alpha = 45°$)

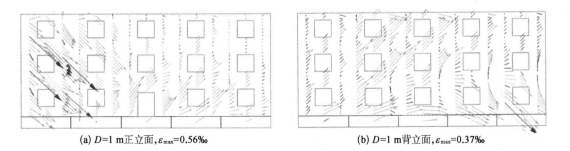

(a) $D$=1 m正立面,$\varepsilon_{max}$=0.56‰

(b) $D$=1 m背立面,$\varepsilon_{max}$=0.37‰

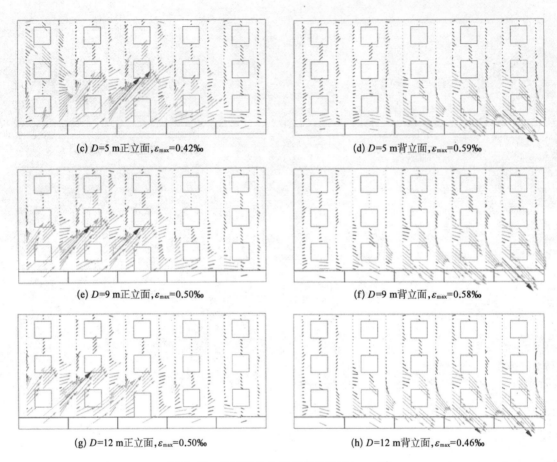

(c) $D=5$ m正立面,$\varepsilon_{max}=0.42$‰        (d) $D=5$ m背立面,$\varepsilon_{max}=0.59$‰

(e) $D=9$ m正立面,$\varepsilon_{max}=0.50$‰        (f) $D=9$ m背立面,$\varepsilon_{max}=0.58$‰

(g) $D=12$ m正立面,$\varepsilon_{max}=0.50$‰        (h) $D=12$ m背立面,$\varepsilon_{max}=0.46$‰

图 2-20　纵墙墙体主拉应变矢量图($\alpha=60°$)

情况大致呈反对称状态。分布特点如下:① 应变较为集中区域发生在窗与墙交接处;② 应变分布区域沿楼层往上相对缩小。当建筑结构相对挠度成上凸形态时,一层窗间墙应变分布更为集中,并且主要集中在纵墙正立面邻近基坑开挖面一侧以及纵墙背立面远离基坑开挖面一侧。

　　选择两种典型工况(当$D=1$ m和$D=9$ m时),此时建筑物正立面纵墙跨越坑外土体沉降最大值点和上凸挠曲曲率最大点,相对挠曲变形因素对纵墙拉应变的影响作用明显高于扭转变形因素对纵墙拉应变的影响作用。正立面纵墙最大主拉应变随着夹角$\alpha$的增大亦逐渐增大。$\alpha=30°$时,纵墙最大主拉应变值依次为 0.42‰、0.44‰;$\alpha=45°$时,纵墙最大主拉应变值依次为 0.49‰、0.47‰;$\alpha=60°$时,纵墙最大主拉应值依次为 0.56‰、0.50‰。与正立面纵墙不同,建筑物背立面纵墙主拉应变的最大值则发生在建筑物与基坑成 45°角。$\alpha=30°$时,背立面纵墙最大主拉应变值依次为 0.36‰、0.58‰;$\alpha=45°$时,纵墙最大主拉应变值依次为 0.43‰、0.58‰;$\alpha=60°$时,纵墙最大主拉应变值依次为 0.37‰、0.58‰。

选择两种典型工况($D=5$ m 和 $D=12$ m 时),受所跨区域土体沉降变形影响,建筑结构发生的扭转、挠曲变形主要受所跨区域土体沉降变化的影响,其值均较小,建筑结构的扭转、相对挠曲变形的协同作用将决定其纵墙主拉应变的大小且当 $\alpha=45°$ 时纵墙的主拉应变最为明显。$D=5$ m 时,正、背立面纵墙的主拉应变峰值分别为 0.45‰、0.61‰;$D=12$ m 时,正、背立面纵墙的主拉应变峰值分别为 0.44‰、0.49‰。由此可知,较小的复合变形作用亦将导致纵墙产生较大值的主拉应变。

此外,对比不同距离 $D$ 条件下结构背立面纵墙主拉应变数值发现,当角度 $\alpha$ 成任意数值时,背立面纵墙最大主拉应变均出现在 $D=5$ m 处。

## 2.4　梁、柱受损条件下建筑受基坑开挖影响分析

深基坑开挖将导致基坑外部土体自由位移场改变,使得邻近建筑自身内部应力重新分布,有些建筑物可能产生较大的变形甚至局部开裂。对于历史性建筑而言,结构设计标准较低且年代久远,其梁、柱结构严重老化、损伤,对其容许变形能力有较大的影响。因此,针对梁、柱损伤刚度条件下,研究邻近历史建筑受基坑开挖的影响变形具有深远的现实意义。

在基坑-建筑物相互作用的既有研究成果中,较少考虑到历史原因所引起的梁、柱刚度降低对建筑物的变形影响。为此,作者采用迈达斯有限元软件,建立深基坑及邻近历史建筑物共同作用的模型,分析梁、柱刚度受损条件下浅基础历史建筑受基坑开挖的影响,研究建筑物纵墙的相对挠曲变形特点和主拉应变分布特点。

### 2.4.1　模拟方案

图 2-21 所示为基坑-建筑物平面相互位置示意图。

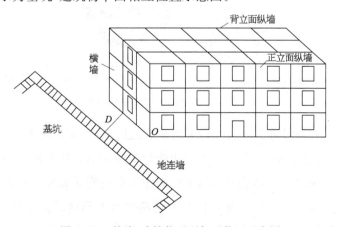

图 2-21　基坑-建筑物平面相互位置示意图

为了深入研究建筑物不同刚度时,建筑结构受基坑开挖扰动的影响,取建筑物纵墙与基坑边垂直,定点 $O$ 与基坑边的水平距离 $D$ 依次取为 1 m、5 m、7 m、9 m、12 m、18 m 进行分析。

### 2.4.2　纵墙沉降变形规律

为对比梁、柱刚度同时受损条件下的建筑物受基坑开挖的影响,分别设置如下四种工况,即工况 1:梁、柱刚度损失 90%;工况 2:梁、柱刚度损失 50%;工况 3:梁、柱刚度损失 30%;工况 4:梁、柱刚度完好。四种工况下,依次取建筑物横墙距基坑开挖面的水平距离 $D$ 为 1 m、3 m、5 m、7 m、9 m、12 m、18 m。图 2-22 为建筑纵墙墙体的沉降变形曲线。以工况 3 为例,图 2-23 为建筑物变形云图。

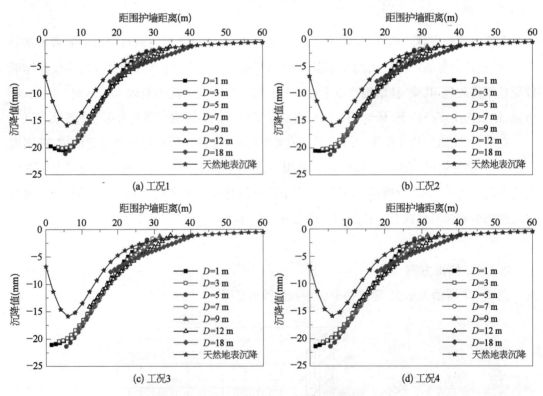

图 2-22　纵墙墙体沉降变化曲线

在图 2-22 中,对比纵墙沉降曲线与天然地表沉降曲线,可以看出,尽管建筑自身刚度对其沉降变形有一定的约束作用,但二者变化趋势大致相同。随着建筑物与土体开挖面距离的改变,建筑物对基坑外土体变形的约束协调作用呈现明显差异。与天然地表沉降槽挠曲程度相比,当建筑物位于坑外土体沉降最大值两侧及上凸区域曲率最大值位置处时,其纵墙沉降挠曲程度明显更为平缓,说明此时建筑物协调作用最为明显。

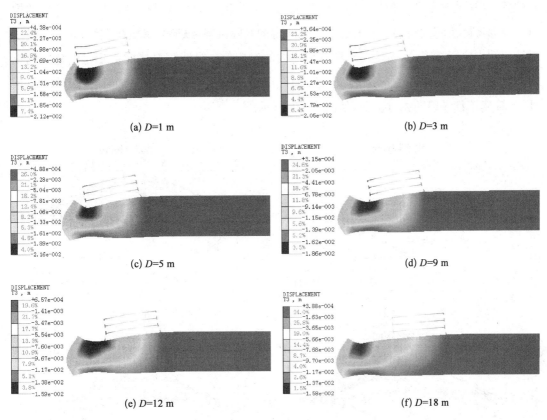

图 2-23　建筑物变形云图

当梁、柱刚度损失 90% 和 50%，建筑物整体刚度减小，建筑物对基础的沉降协调作用不明显。对于纵墙紧邻基坑开挖面的一侧，沉降趋势呈现明显下凹形态，最大沉降值为 21.13 mm。当 $D=9$ m 时，建筑物发生较为显著的上凸形态的挠曲。当梁、柱刚度损伤为 30% 和刚度完好时，建筑物自身刚度的约束作用使得其沉降曲线挠曲程度有所减小。

由图 2-23 可知，随着建筑物逐渐远离基坑开挖面，建筑物沉降挠曲依次表现为下凹形态、"∽"形态及上凸形态，且建筑物最大沉降值逐步减小。此外，受坑外土体水平位移作用的影响，建筑物同时产生一定程度的水平倾斜变形，倾斜程度随着建筑物远离基坑而逐步减弱。

### 2.4.3　纵墙相对挠曲变化规律

如图 2-24 所示，$O'A'$ 为建筑物纵墙所

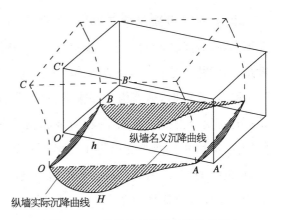

图 2-24　纵墙挠度曲线计算示意图

在位置，$O'B'$ 为横墙所在位置，$O'C'$ 为建筑物垂直高度方向。$A$、$B$ 为纵、横墙变形后的端点。纵墙实际沉降曲线 $OHA$ 为数值模拟所得的实际沉降，纵墙名义沉降曲线 $OhA$ 为基于纵墙两端点实际沉降值，连接两点所形成直线的对应值。纵墙相对挠曲变形是指建筑物纵墙实际沉降曲线与建筑物纵墙名义沉降曲线所对应的值的差值，基于前一节四种工况条件，计算建筑物纵墙的相对挠曲，如图 2-25 所示。

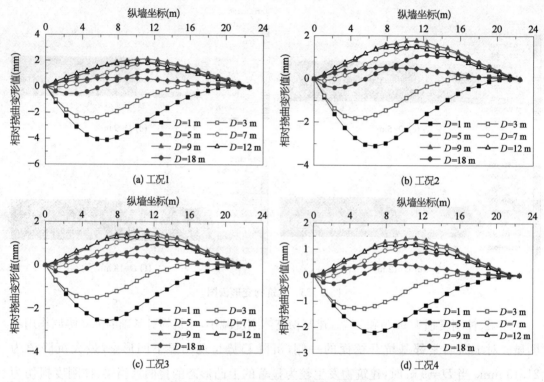

图 2-25　建筑物纵墙相对挠曲变形曲线

由图 2-25 可知，四种工况下，当 $D=1\,\mathrm{m}$ 和 $D=3\,\mathrm{m}$ 时，纵墙相对挠曲变形呈现为下凹形态，相对挠曲变形随梁、柱刚度的增大而减小。其中，当 $D=1\,\mathrm{m}$ 时，纵墙的相对挠曲程度最大，四种工况下相对挠曲变形峰值分别为 4.1 mm、3.2 mm、2.6 mm、2.3 mm。当 $D=5\,\mathrm{m}$ 和 $D=7\,\mathrm{m}$ 时，纵墙相对挠曲呈现"∽"形态，其特点为下凹形态的相对挠曲发生在建筑邻近基坑开挖面一侧，上凸相对挠曲发生在建筑远离基坑开挖面一侧，且随着距离 $D$ 的增大，纵墙相对挠曲变形将由"∽"形态逐步转变为上凸形态。以 $D=5\,\mathrm{m}$ 为例，随着梁、柱刚度的增大，纵墙近基坑开挖面一侧的下凹相对挠曲最大值逐渐减小，四种工况下的相对挠曲峰值分别为 0.56 mm、0.42 mm、0.36 mm、0.33 mm。远基坑开挖面一侧的上凸相对挠曲变形最大值逐渐减小，四种工况下分别为 1.37 mm、1.1 mm、0.98 mm、

0.88 mm。当 $D \geqslant 9$ m 时，纵墙相对挠曲主要呈现出上凸形态。此外，当 $D=9$ m 时，建筑物基础中心位于基坑开挖面外部土体上凸变形最大值位置，此时纵墙上凸形态的相对挠曲最大。同样，变形峰值也随着梁、柱刚度的增大而减小，其值分别为 2.12 mm、1.78 mm、1.57 mm、1.41 mm。当 $D \geqslant 18$ m 时，建筑因远离土体开挖面而受其影响较小，纵墙变形随之较小，工况 3 时，建筑物纵墙相对挠曲峰值仅为 0.44 mm，工况 1 所对应挠曲峰值也仅为 0.7 mm。

此外，纵墙相对挠曲变形峰值的出现位置并没有因建筑物梁、柱刚度的改变而发生变化，但其峰值的大小存在明显差异。

### 2.4.4　建筑物纵墙主拉应变分布规律

基于前一节工况 1～工况 4 条件，分别列举了考虑梁、柱不同损伤刚度条件下的建筑物纵墙主拉应变的变化规律，如图 2-26～图 2-29 所示。

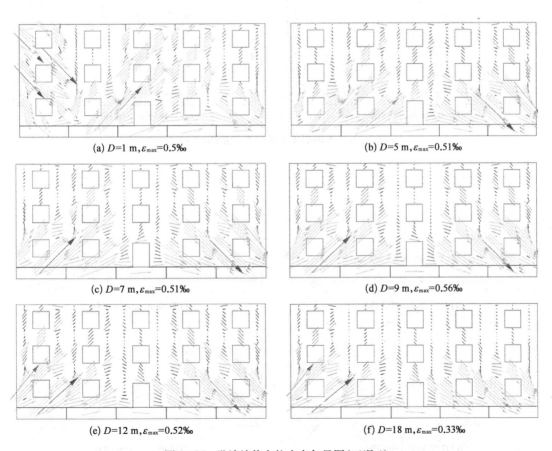

(a) $D=1$ m, $\varepsilon_{max}=0.5$‰

(b) $D=5$ m, $\varepsilon_{max}=0.51$‰

(c) $D=7$ m, $\varepsilon_{max}=0.51$‰

(d) $D=9$ m, $\varepsilon_{max}=0.56$‰

(e) $D=12$ m, $\varepsilon_{max}=0.52$‰

(f) $D=18$ m, $\varepsilon_{max}=0.33$‰

图 2-26　纵墙墙体主拉应变矢量图（工况 1）

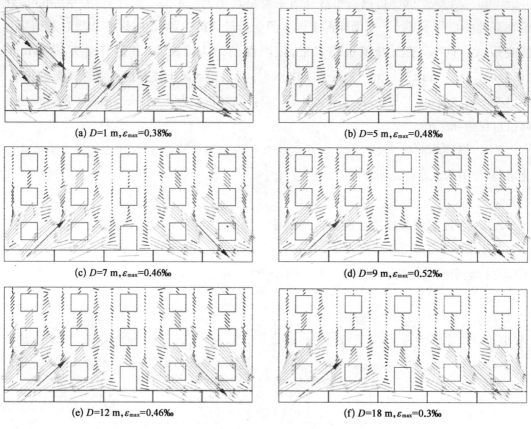

(a) $D=1$ m,$\varepsilon_{max}=0.38$‰

(b) $D=5$ m,$\varepsilon_{max}=0.48$‰

(c) $D=7$ m,$\varepsilon_{max}=0.46$‰

(d) $D=9$ m,$\varepsilon_{max}=0.52$‰

(e) $D=12$ m,$\varepsilon_{max}=0.46$‰

(f) $D=18$ m,$\varepsilon_{max}=0.3$‰

图 2-27　纵墙墙体主拉应变矢量图（工况 2）

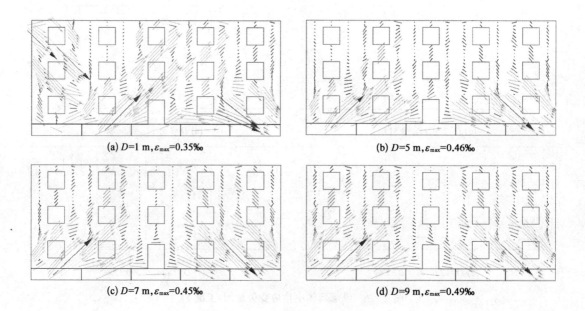

(a) $D=1$ m,$\varepsilon_{max}=0.35$‰

(b) $D=5$ m,$\varepsilon_{max}=0.46$‰

(c) $D=7$ m,$\varepsilon_{max}=0.45$‰

(d) $D=9$ m,$\varepsilon_{max}=0.49$‰

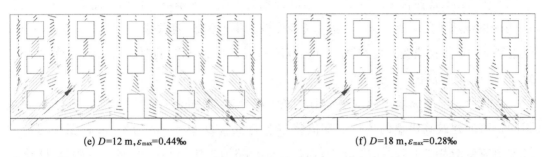

(e) $D$=12 m, $\varepsilon_{max}$=0.44‰　　　　　　　　(f) $D$=18 m, $\varepsilon_{max}$=0.28‰

图 2-28　纵墙墙体主拉应变矢量图(工况 3)

(a) $D$=1 m, $\varepsilon_{max}$=0.34‰　　　　　　　　(b) $D$=5 m, $\varepsilon_{max}$=0.45‰

(c) $D$=7 m, $\varepsilon_{max}$=0.44‰　　　　　　　　(d) $D$=9 m, $\varepsilon_{max}$=0.47‰

(e) $D$=12 m, $\varepsilon_{max}$=0.43‰　　　　　　　　(f) $D$=18 m, $\varepsilon_{max}$=0.28‰

图 2-29　纵墙墙体主拉应变矢量图(工况 4)

　　由图可知,四种工况下,建筑的纵墙拉应变的分布趋势不会因建筑梁、柱损伤刚度的改变而出现较大差异,但建筑物的纵墙拉应变的分布趋势基本一致。当 $D$=1 m 时,建筑物相对挠曲成下凹形态,纵墙主拉应变大致呈 45°,主要分布于纵墙位于地层沉降槽最大值的两侧,分布特点如下:① 应变较为集中区域发生在门、窗与墙交接处;② 应变分布区域沿楼层往上相对缩小;③ 横、纵墙体连接位置的应变较为明显。当 $D$=5 m 和 $D$=7 m 时,纵墙

"∽"形态的相对挠曲将使建筑物邻近基坑开挖面一侧和远基坑开挖面一侧均产生大致呈45°方向的纵墙主拉应变。窗间墙依然为应变较为集中区域,且远基坑侧墙体拉应变明显大于近基坑侧墙体拉应变。当 $D \geqslant 9$ m 时,纵墙的因上凸变形作用将使得其两端位置产生大致 45°方向的主拉应变。

将四种工况下纵墙主拉应变对比可知,随着建筑物损伤刚度的减小,对于距基坑相同距离的建筑物纵墙的主拉应变值将显著降低。以 $D = 1$ m 为例,四种工况对应的最大主应变分别为 0.5‰、0.38‰、0.34‰、0.33‰。建筑物刚度相同且距离 $D$ 逐渐增大时,主拉应变变化规律差异较大。当梁、柱刚度损伤 90% 时,导致建筑物整体刚度较小,纵墙对所跨区域土体沉降变形的协调作用较弱,纵墙产生的拉应变最大值发生在建筑物在跨越下凹和上凸挠曲变形最大值位置,与之对应的最大主应变分别为 0.5‰、0.56‰,此时的建筑物最不利。当梁、柱刚度损伤 50% 时,与之对应的最大主应变次之,分别为 0.37‰、0.51‰。当梁、柱刚度损伤 30% 时,与之对应的最大主应变次之,分别为 0.34‰、0.49‰。当梁、柱刚度完整时,与之对应的最大主应变最小,分别为 0.34‰、0.47‰。

### 2.4.5  梁、柱刚度分别受损条件下建筑变形规律

#### 2.4.5.1  纵墙相对挠曲变形规律

为分别研究梁、柱对加强建筑物整体刚度的所起作用,采用工况 5(保持柱的刚度完整,将梁的刚度损伤 90%)和工况 6(保持梁的刚度完整,将柱的刚度损伤 90%)与上小节中工况 4(梁、柱刚度同时保持完整)进行对比分析。图 2-30 给出了工况 4~工况 6 条件下不同距离 $D$ 时的纵墙相对挠曲变形曲线。

由图 2-30 可知,当 $D = 1$ m 时,纵墙相对挠曲变形呈现为下凹形态,且三种工况下梁、柱的刚度对建筑物纵墙变形影响较大。保持柱的刚度完整,将梁的刚度损伤 90% 时,建筑物相对挠曲变形最大值为 3.59 mm。保持梁的刚度完整,将柱的刚度损伤 90% 时,建筑相

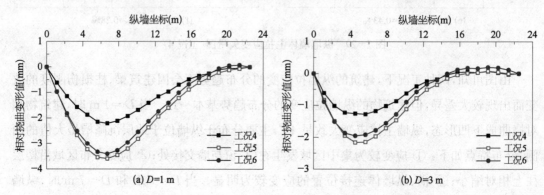

(a) $D = 1$ m　　　　　　　　　　(b) $D = 3$ m

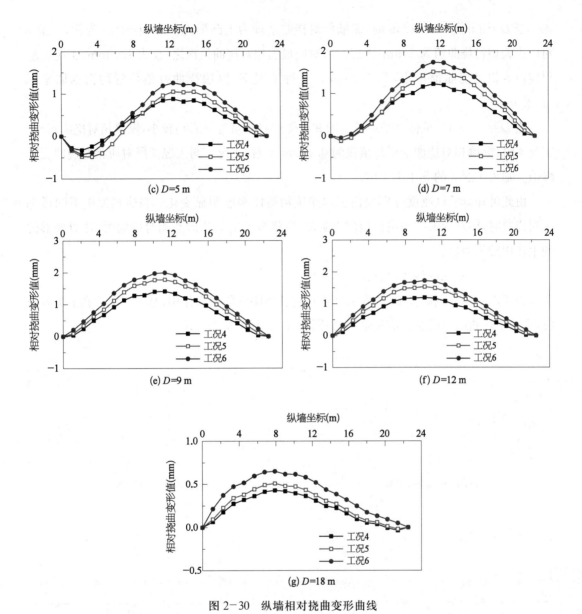

图 2-30　纵墙相对挠曲变形曲线

对挠曲峰值有所减小,约 3.4 mm。梁、柱刚度同时保持完整时,建筑物整体刚度大幅提高,相应的约束作用更加明显,最大相对挠曲值仅为梁单独作用时的 2/3。但三种工况下,纵墙相对挠曲变形峰值均发生在纵墙坐标为 6.75 m 处。此时梁刚度对加强建筑整体刚度的作用较为明显。

当 D=5 m 和 D=7 m 时,纵墙相对挠曲主要呈现为"∽"形态。以 D=5 m 为例,纵墙相对挠曲将由下凹形态向上凸形态转变,发生下凹形态相对挠曲时梁刚度对加强建筑整体刚度作用较柱更加明显,在发生上凸形态相对挠曲时柱刚度对加强建筑整体刚度的作用较梁更加明显。

当 $D=9\,m$ 和 $D=12\,m$ 时,纵墙相对挠曲呈现为上凸形态。以 $D=9\,m$ 为例,工况 6 对应最大相对挠曲值为 2 mm;工况 5 所对应最大相对挠曲值次之,仅为 1.7 mm;工况 4 所对应最大相对挠曲值最小,为 1.4 mm。三种工况下,纵墙挠曲峰值位置均为纵墙坐标 11.25 m 处。

当 $D=18\,m$ 时,坑体开挖所发生的卸荷作用对建筑变形影响较小,纵墙相对挠曲较小。工况 4 时,纵墙相对挠曲变形峰值仅为 0.4 mm 左右,工况 5 与工况 6 所对应相对挠曲变形峰值分别为工况 3 的 5/4、7/4 倍。

由此可知,梁、柱刚度分别损伤引起建筑物整体刚度明显变化。当建筑发生下凹形态相对挠曲时,梁对变形的约束作用较为明显,当建筑发生上凸形态相对挠曲时,柱对变形的约束作用较为明显。

### 2.4.5.2 建筑纵墙主拉应变变化规律

为了进一步分别研究梁、柱对加强建筑物整体刚度的所起作用,基于工况 5 和工况 6 条件,提取了建筑纵墙的主拉应矢量图,如图 2-31、图 2-32 所示。

(a) $D=1\,m$, $\varepsilon_{max}=0.44‰$

(b) $D=5\,m$, $\varepsilon_{max}=0.45‰$

(c) $D=7\,m$, $\varepsilon_{max}=0.44‰$

(d) $D=9\,m$, $\varepsilon_{max}=0.49‰$

(e) $D=12\,m$, $\varepsilon_{max}=0.44‰$

(f) $D=18\,m$, $\varepsilon_{max}=0.28‰$

图 2-31 纵墙墙体主拉应变矢量图(工况 5)

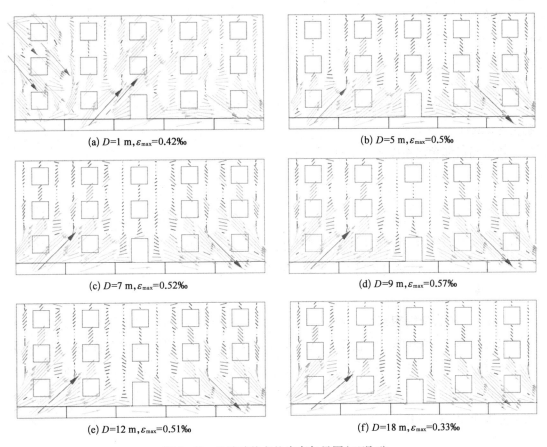

(a) $D=1$ m，$\varepsilon_{max}=0.42$‰    (b) $D=5$ m，$\varepsilon_{max}=0.5$‰

(c) $D=7$ m，$\varepsilon_{max}=0.52$‰    (d) $D=9$ m，$\varepsilon_{max}=0.57$‰

(e) $D=12$ m，$\varepsilon_{max}=0.51$‰    (f) $D=18$ m，$\varepsilon_{max}=0.33$‰

图 2-32 纵墙墙体主拉应变矢量图（工况 6）

由图可知，对三种工况进行对比，建筑物相对挠曲均呈现下凹形态、"∽"形态及上凸形态时，三种工况下纵墙主拉应变分布形式基本一致。然而，工况 5 和工况 6 与工况 4 对比发现，纵墙的主拉应变数值存在明显差异。当纵墙相对挠曲呈现为下凹形态时，工况 5 和工况 6 所对应的纵墙最大主拉应变分别为 0.44‰和 0.42‰，工况 4 对应峰值仅为 0.34‰。当纵墙相对挠曲呈现为 "∽"形和上凸形态时，工况 6 所对应的主拉应变将较大于工况 4、工况 5 所对应的值。当 $D=9$ m 时，工况 6 对应的纵墙最大主拉应变为 0.57‰；工况 5 次之，约为 0.49‰；工况 4 最小，其值为 0.47‰。三种工况下不利位置均发生在纵墙 1 层两端的窗间墙位置。

## 2.5 任意角度建筑物和梁、柱受损工况下安全评价

### 2.5.1 变形控制标准

邻近基坑施工的建筑物结构安全性能可以通过建筑物基础沉降和变形来体现。

建筑物基础沉降量应满足：

$$\begin{cases} S \leqslant 30 \\ \Delta S \leqslant \{0.001l, S\} \end{cases} \qquad (2-5)$$

式中，$S$ 和 $\Delta S$ 分别为混合建筑基础的沉降绝对值和沉降相对值(mm)；$l$ 为建筑物纵向基础长度(mm)。

建筑物地基变形允许值应满足：

$$\Delta L \leqslant 0.003l_1$$
$$\Delta h \leqslant 0.008 \qquad (2-6)$$

式中，$\Delta L$ 和 $\Delta h$ 分别为相邻柱结构沉降差和建筑物基础的倾斜；$l_1$ 为相邻柱结构的中心距离(mm)。倾斜 $\Delta h$ 指基础倾斜方向两端点的沉降差与其距离的比值。

### 2.5.2　建筑物结构安全评价

以工况 2(梁、柱刚度同时损伤 50%)$D=1$ m 为例，此时建筑物处在最不利位置。楼房测点布置如图 2-33 所示，共布置 6 个测点，分别为测点 A、B、C、D、E、F，测点为建筑物纵墙柱与纵墙基础交接处。测点在坑体每步开挖工程中所对应沉降值如图 2-34 所示。其中步骤 1 为激活建筑物位移清零。

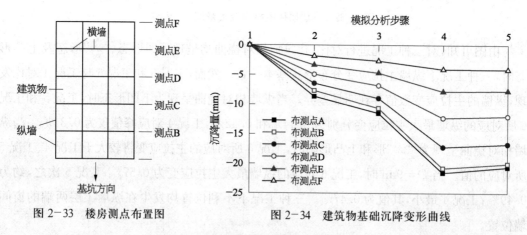

图 2-33　楼房测点布置图　　　　图 2-34　建筑物基础沉降变形曲线

当基坑开挖至地下 −5 m 时(对应图 2-34 模拟分析步骤 2)，建筑物纵墙基础最大沉降为 −8.6 mm，基础两端的相对沉降为 6.8 mm，建筑物纵墙相邻两个柱基的差异沉降峰值为 1.6 mm。

当基坑开挖至地下 −9 m 时(对应图 2-34 模拟分析步骤 3)，建筑物纵墙基础最大沉降为 11.4 mm，基础两端的相对沉降为 8.8 mm，建筑物纵墙相邻柱基的沉降差最大值为 2.2 mm。

当基坑开挖至地下 -13 m 时(对应图 2-34 模拟分析步骤 4),建筑物纵墙基础最大沉降为 21.5 mm,基础两端的相对沉降为 17.5 mm,建筑物纵墙相邻两个柱基的差异沉降峰值为 5 mm。

当基坑开挖至地下 -15 m 时(对应图 2-34 模拟分析步骤 5),建筑物纵墙基础最大沉降有所减小,其值为 20.5 mm,这主要由坑底铺设混凝土底板限制了坑内土体隆起所引起。基础两端的相对沉降为 15.5 mm。纵墙相邻两个柱基的差异沉降最大值为 5 mm。

根据基础沉降控制标准,楼房的绝对沉降为 20.5 mm,小于 30 mm;基础相对沉降 $\Delta L$ 峰值为 17.5 mm,小于 $\min\{0.001 \times 22.5 \times 1\,000, 30\} = 30$ mm。

建筑物纵墙相邻柱基的沉降差最大值为 5 mm,其值小于 $0.003 l_1 = 12.5$ mm。建筑物基础的倾斜为 0.000 68,其值小于 0.008。因此,建筑的地基变形允许值均满足建筑物地基变形控制标准。

## 2.6　不同结构形式建筑受基坑开挖影响变形

随着城市建设的高速推进,建设用地的日益紧张使得建筑结构向超高层进一步发展,城市地下空间也逐步成为城市建设的重要资源。当深基坑施工位于城市繁华地段时,基坑工程将不可避免地造成坑外地表产生不均匀沉降,进而使得建筑物自身内部应力重新分布,产生较大附加变形。

浅基础砌体结构已被用于多种建筑类型,如住宅、工业厂房、纪念性建筑、教堂等。框架结构则广泛应用于商业、工业和现代办公建筑。其主要结构类型为:① 开放式框架;② 填充式框架。对于填充墙,其主要功能是提高建筑物的抗剪切性,但不具备承重性能。基坑施工时,对于每种类型建筑物而言,其受基坑开挖影响的变形特征呈现出明显差异。

开放式框架、填充式框架及砌体结构占据了城市建筑群的重要部分。当进行基坑工程施工时,由于地层扰动,邻近历史建筑可能产生局部开裂、损伤。对于不同结构形式建筑,其损伤变形特征呈现出不同差异,因此针对不同形式建筑进行研究具有一定的必要性。

### 2.6.1　模拟方案

为对比不同结构形式条件下基坑施工对周边建筑结构安全的影响,分别设置如下三种结构形式,即工况 1:开放式框架;工况 2:填充墙框架;工况 3:砌体结构。三种工况下,分别取建筑物横墙距基坑开挖面的水平距离 $D$ 为 1 m、3 m、5 m、9 m、12 m、18 m,如图 2-35 所示。

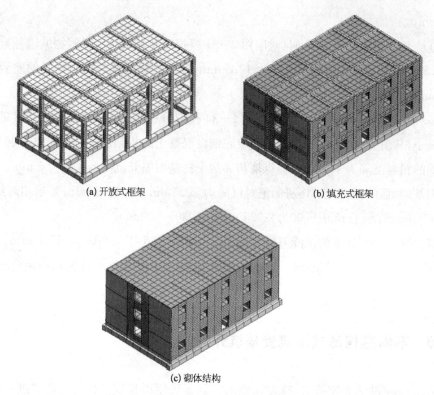

(a) 开放式框架          (b) 填充式框架

(c) 砌体结构

图 2-35　建筑物结构类型

　　以工况 2 为基础，为对比纵墙不同开洞比条件下建筑物受基坑开挖的影响，分别设置如下三种结构形式，即工况 4：纵墙开洞比 13％；工况 5：纵墙开洞比 30％；工况 6：纵墙开洞比 40％，如图 2-36 所示。

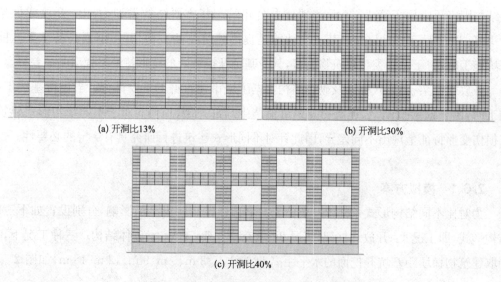

(a) 开洞比13%          (b) 开洞比30%

(c) 开洞比40%

图 2-36　建筑物纵墙不同开洞比示意图

### 2.6.2　基础沉降变形规律

不同建筑结构刚度下的基础沉降规律如图 2-37 所示,在 $D=1$ m 时,建筑—土体沉降云图如图 2-38 所示。

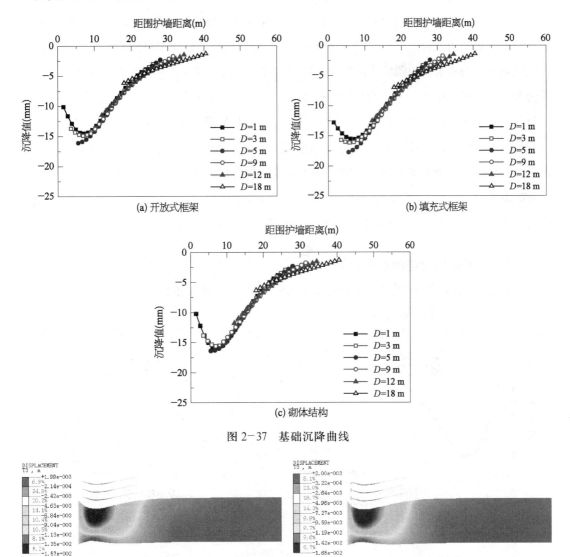

图 2-37　基础沉降曲线

图 2-38　$D=1$ m 时,建筑物-土体沉降云图

由图可以看出,尽管建筑自身刚度对其土体沉降变形有一定的约束作用,但二者变化趋势大致相同。随着建筑物与土体开挖面距离的改变,二者的约束协调作用呈现明显差异。协调作用在建筑物跨越坑外土体沉降槽最低点及上凸区域曲率最大点位置时最为明显。

当建筑物为填充框架时,其整体刚度最大,建筑物对基础所在位置土体的沉降协调作用最明显。当建筑物为开放式框架时,其整体刚度次之,建筑物对基础所在位置土体的沉降协调作用随之减小。当建筑物为砌体结构时,其整体刚度最小,此时建筑物对基础所在位置土体的沉降协调作用最弱。以 $D=1$ m 为例,砌体结构 $16.5 \sim 14.2$ mm 的沉降比例约占整体沉降的 $4.7\%$,开放式框架 $15.7 \sim 13.5$ mm 的沉降约占整体沉降的 $5.2\%$,填充式框架 $16.5 \sim 14.2$ mm 的沉降约占整体沉降的 $6.7\%$。由此说明,三种结构形式的建筑物基础沉降趋势均呈现明显下凹形态,但建筑物为填充框架时,其基础沉降挠曲程度最小,建筑物为砌体结构时,其基础沉降挠曲程度最大。三种结构形式的建筑物沉降最大值均发生在 $D=5$ m 时,填充框架沉降值最大,砌体结构沉降次之,开放式框架沉降最小,其值分别为 $17.72$ mm、$16.38$ mm、$16$ mm。

### 2.6.3 基础相对挠曲变形规律

不同建筑结构刚度下的建筑基础相对挠度变形曲线规律如图 2-39 所示。

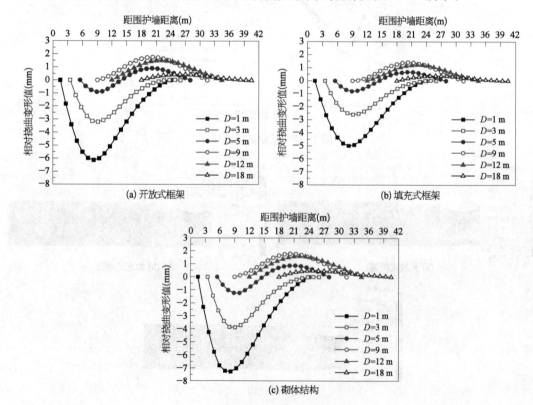

图 2-39 建筑物基础相对挠曲变形曲线

由图可知,三种结构形式下,当 $D=1$ m 和 $D=3$ m 时,建筑物纵墙基础相对挠曲均呈现为下凹形态,建筑物整体刚度对其基础挠曲变形存在明显约束作用。其中,当 $D=1$ m 时,纵墙基础相对挠曲最为明显,砌体结构相对挠曲值最大,其值为 7.3 mm;开放式框架相对挠曲值次之,其值为 6.1 mm;填充框架相对挠曲值最小,其值为 5 mm。当 $D=5$ m 时,建筑物纵墙基础相对挠曲呈现"∽"形态,其特点为下凹形态的相对挠曲发生在建筑邻近基坑开挖面一侧,上凸相对挠曲发生在建筑远离基坑开挖面一侧,且随着距离 $D$ 的增大,纵墙基础相对挠曲变形将由"∽"形态逐步转变为上凸形态;随着建筑物整体刚度的增大,纵墙基础近基坑开挖面一侧的下凹相对挠曲最大值逐渐减小,三种结构形式对应的相对挠曲峰值分别为 1.3 mm、0.9 mm、0.7 mm;远基坑开挖面一侧的上凸相对挠曲变形最大值逐渐减小,三种结构形式对应的相对挠曲峰值分别为 0.9 mm、0.8 mm、0.6 mm。当 $D \geqslant 9$ m 时,纵墙基础相对挠曲主要呈现出上凸形态。此外,当 $D=9$ m 时,纵墙基础上凸形态相对挠曲最大,相对挠曲变形峰值也随着建筑物整体刚度的增大而减小,砌体结构对应值最大,值为 1.8 mm;填充框架对应值最小,值为 1.4 mm。当 $D \geqslant 18$ m 时,建筑物因远离土体开挖面而受其开挖影响较小,纵墙基础相对挠曲变形随之较小,三种结构形式的建筑物纵墙基础相对挠曲峰值差异较小。

### 2.6.4　建筑纵墙主拉应变变化规律

基于 2.6.1 节工况 2、3 条件,分别列举了填充框架和砌体结构条件下建筑物纵墙主拉应变的变化规律,如图 2-40 和图 2-41 所示。

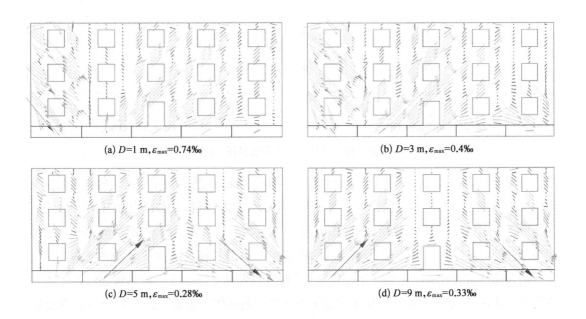

(a) $D=1$ m, $\varepsilon_{max}=0.74‰$

(b) $D=3$ m, $\varepsilon_{max}=0.4‰$

(c) $D=5$ m, $\varepsilon_{max}=0.28‰$

(d) $D=9$ m, $\varepsilon_{max}=0.33‰$

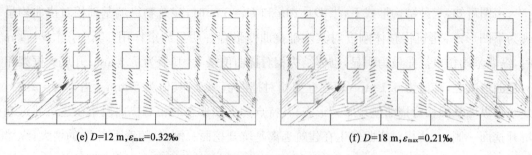

(e) $D=12$ m, $\varepsilon_{max}=0.32$‰                    (f) $D=18$ m, $\varepsilon_{max}=0.21$‰

图 2-40    纵墙墙体主拉应变矢量图（工况 2）

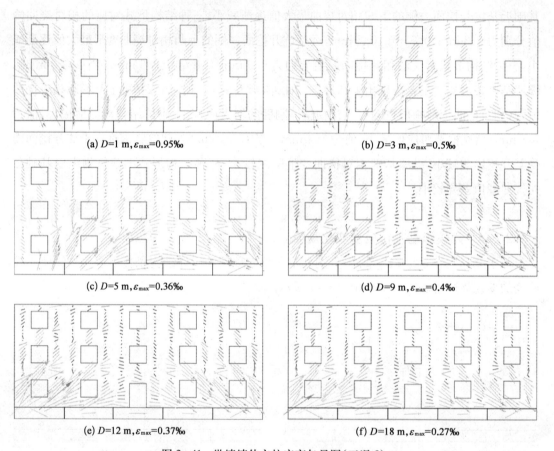

(a) $D=1$ m, $\varepsilon_{max}=0.95$‰                    (b) $D=3$ m, $\varepsilon_{max}=0.5$‰

(c) $D=5$ m, $\varepsilon_{max}=0.36$‰                    (d) $D=9$ m, $\varepsilon_{max}=0.4$‰

(e) $D=12$ m, $\varepsilon_{max}=0.37$‰                    (f) $D=18$ m, $\varepsilon_{max}=0.27$‰

图 2-41    纵墙墙体主拉应变矢量图（工况 3）

　　由图可知，两种工况下，当 $D=1$ m 时，建筑物相对挠曲均呈现下凹形态，纵墙主拉应变大致呈 $45°$，主要分布可知于纵墙位于地层沉降槽最大值的两侧，分布特点如下：① 应变较为集中区域发生在门、窗与墙交接处；② 应变分布区域沿楼层往上相对缩小；③ 横、纵墙体连接位置的应变较为明显。当 $D=5$ m 时，纵墙"∽"形态的相对挠曲使得纵墙近基坑开挖面一侧和远基坑开挖面一侧均产生大致呈 $45°$方向的纵墙主拉应变。窗间墙依然为应变较为集中区域，且远基坑侧墙体拉应变明显大于近基坑侧墙体拉应变。当 $D \geqslant 9$ m 时，纵墙的因上凸形态的相对挠曲使得其两端位置产生大致 45°方向的主拉应变。

对比两种工况下纵墙主拉应变可知,随着建筑物整体刚度的减小,建筑物纵墙的主拉应变峰值将显著降低。当 $D=1$ m 时,两种工况对应的最大主应变分别为 0.74‰、0.95‰。当 $D=9$ m 时,两种工况对应的最大主应变分别为 0.33‰、0.4‰。两种工况下,当建筑物跨越坑外沉降槽最低点及上凸曲率最大点时,纵墙主拉应变最大,此时对建筑物最不利。

### 2.6.5 建筑倾斜、转动、角变形分析

本书通过计算建筑倾斜值、刚体转动值、角变形值来衡量建筑变形特征,具体计算见式(2−7)~式(2−9)。

$$Slope = \frac{V_A - V_B}{L} \tag{2-7}$$

$$Tilt = \frac{L_C - L_B}{H} \tag{2-8}$$

$$\beta = Slope - Tilt \tag{2-9}$$

式中,$Slope$ 为倾斜值;$Tilt$ 为刚体转动;$\beta$ 为角变形值;节点竖向位移用 $v$ 表示,水平位移用 $l$ 表示。$A$、$B$、$C$、$D$ 为开间 1 的四个顶点;$L$ 为开间距离,如图 2−42 所示。

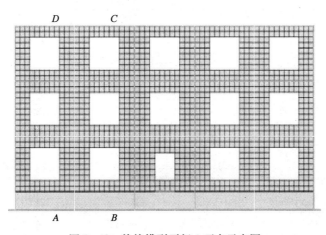

图 2−42 数值模型开间 1 顶点示意图

对比表 2−3 可知,当 $D=1$ m 和 $D=3$ m 时,三种结构形式建筑物的最大角变形均发生在其近基坑侧开间 1 内,其中以 $D=1$ m 时,角变形最为显著。当建筑物为砌体结构时,角变形最大,其绝对值为 1.53;开放式框架次之,其绝对值为 1.2;填充框架最小,角变形绝对值为 0.91,因此建筑物的角变形与其自身刚度成反比。当 $D=5$ m 时,建筑物呈现"∽"形态相对挠曲变形,建筑物两端开间对应的角变形较为显著。同样砌体结构时,角变形最大,开放式框架次之,填充框架最小,其角变形峰值分别为 0.3、0.29、0.17。当 $D\geqslant9$ m 时,建筑物相对挠曲

呈现为上凸形态。以 $D=9$ m 为例,近基坑侧的最大角变形出现在开间 1,远基坑侧的最大角变形发生在开间 5,三种结构形式的建筑物最大角变形值分别为 0.39、0.36、0.32。

不同结构形式的建筑倾斜值、刚体转动值、角变形值的计算结果见表 2-3。

表 2-3　建筑物倾斜、刚体转动、角变形

| 1 m 填充框架 | | | | |
|---|---|---|---|---|
| | BAY① | BAY② | BAY③ | BAY④ | BAY⑤ |
| *Slope* | −0.6 | 0.29 | 0.8 | 0.76 | 0.58 |
| *Tilt* | 0.31 | 0.34 | 0.38 | 0.43 | 0.46 |
| $\beta$ | −0.91 | −0.05 | 0.42 | 0.33 | 0.12 |
| 1 m 开放式框架 | | | | |
| | BAY① | BAY② | BAY③ | BAY④ | BAY⑤ |
| *Slope* | −0.978 | 0.26 | 0.8 | 0.75 | 0.51 |
| *Tilt* | 0.2 | 0.22 | 0.25 | 0.29 | 0.32 |
| $\beta$ | −1.178 | 0.04 | 0.55 | 0.46 | 0.19 |
| 1 m 砌体结构 | | | | |
| | BAY① | BAY② | BAY③ | BAY④ | BAY⑤ |
| *Slope* | −1.2 | 0.33 | 0.91 | 0.82 | 0.58 |
| *Tilt* | 0.33 | 0.35 | 0.38 | 0.43 | 0.45 |
| $\beta$ | −1.53 | −0.02 | 0.53 | 0.39 | 0.13 |
| 3 m 填充框架 | | | | |
| | BAY① | BAY② | BAY③ | BAY④ | BAY⑤ |
| *Slope* | −0.007 | 0.64 | 0.84 | 0.67 | 0.67 |
| *Tilt* | 0.52 | 0.56 | 0.6 | 0.65 | 0.68 |
| $\beta$ | −0.527 | 0.08 | 0.24 | 0.02 | −0.01 |
| 3 m 开放式框架 | | | | |
| | BAY① | BAY② | BAY③ | BAY④ | BAY⑤ |
| *Slope* | −0.22 | 0.62 | 0.82 | 0.64 | 0.51 |
| *Tilt* | 0.43 | 0.46 | 0.5 | 0.54 | 0.58 |
| $\beta$ | −0.65 | 0.16 | 0.32 | 0.1 | −0.07 |
| 3 m 砌体结构 | | | | |
| | BAY① | BAY② | BAY③ | BAY④ | BAY⑤ |
| *Slope* | −0.38 | 0.69 | 0.89 | 0.69 | 0.51 |
| *Tilt* | 0.52 | 0.55 | 0.6 | 0.64 | 0.67 |
| $\beta$ | 0.9 | 0.14 | 0.29 | 0.05 | −0.16 |

（续表）

| 5 m 填充式框架 | | | | | |
|---|---|---|---|---|---|
| | **BAY①** | **BAY②** | **BAY③** | **BAY④** | **BAY⑤** |
| *Slope* | 0.51 | 0.84 | 0.82 | 0.64 | 0.67 |
| *Tilt* | 0.68 | 0.72 | 0.77 | 0.81 | 0.84 |
| $\beta$ | −0.17 | 0.12 | 0.05 | −0.17 | −0.17 |
| 5 m 开放框架 | | | | | |
| | **BAY①** | **BAY②** | **BAY③** | **BAY④** | **BAY⑤** |
| *Slope* | 0.42 | 0.84 | 0.78 | 0.56 | 0.47 |
| *Tilt* | 0.6 | 0.63 | 0.68 | 0.73 | 0.76 |
| $\beta$ | −0.18 | 0.21 | 0.1 | −0.17 | −0.29 |
| 5 m 砌体结构 | | | | | |
| | **BAY①** | **BAY②** | **BAY③** | **BAY④** | **BAY⑤** |
| *Slope* | 0.35 | 0.88 | 0.8 | 0.62 | 0.53 |
| *Tilt* | 0.65 | 0.68 | 0.73 | 0.78 | 0.81 |
| $\beta$ | −0.3 | 0.2 | 0.07 | −0.16 | −0.28 |
| 9 m 填充式框架 | | | | | |
| | **BAY①** | **BAY②** | **BAY③** | **BAY④** | **BAY⑤** |
| *Slope* | 0.73 | 0.78 | 0.64 | 0.49 | 0.47 |
| *Tilt* | 0.62 | 0.67 | 0.72 | 0.76 | 0.79 |
| $\beta$ | 0.11 | 0.11 | −0.08 | −0.27 | −0.32 |
| 9 m 开放框架 | | | | | |
| | **BAY①** | **BAY②** | **BAY③** | **BAY④** | **BAY⑤** |
| *Slope* | 0.73 | 0.76 | 0.58 | 0.4 | 0.38 |
| *Tilt* | 0.56 | 0.61 | 0.66 | 0.71 | 0.74 |
| $\beta$ | 0.17 | 0.15 | −0.08 | −0.29 | −0.36 |
| 9 m 砌体结构 | | | | | |
| | **BAY①** | **BAY②** | **BAY③** | **BAY④** | **BAY⑤** |
| *Slope* | 0.76 | 0.78 | 0.6 | 0.42 | 0.36 |
| *Tilt* | 0.57 | 0.62 | 0.67 | 0.72 | 0.75 |
| $\beta$ | 0.19 | 0.16 | −0.07 | −0.3 | −0.39 |

（续表）

| 12 m 填充式框架 | | | | | |
|---|---|---|---|---|---|
| | **BAY①** | **BAY②** | **BAY③** | **BAY④** | **BAY⑤** |
| *Slope* | 0.64 | 0.6 | 0.45 | 0.38 | 0.38 |
| *Tilt* | 0.48 | 0.53 | 0.57 | 0.62 | 0.64 |
| β | 0.16 | 0.07 | −0.12 | −0.24 | −0.26 |
| 12 m 开放框架 | | | | | |
| | **BAY①** | **BAY②** | **BAY③** | **BAY④** | **BAY⑤** |
| *Slope* | 0.64 | 0.56 | 0.4 | 0.31 | 0.29 |
| *Tilt* | 0.44 | 0.49 | 0.53 | 0.58 | 0.6 |
| β | 0.2 | 0.07 | −0.13 | −0.27 | −0.31 |
| 12 m 砌体结构 | | | | | |
| | **BAY①** | **BAY②** | **BAY③** | **BAY④** | **BAY⑤** |
| *Slope* | 0.68 | 0.56 | 0.42 | 0.31 | 0.29 |
| *Tilt* | 0.43 | 0.48 | 0.53 | 0.58 | 0.6 |
| β | 0.25 | 0.08 | −0.11 | −0.27 | −0.31 |
| 18 m 填充式框架 | | | | | |
| | **BAY①** | **BAY②** | **BAY③** | **BAY④** | **BAY⑤** |
| *Slope* | 0.33 | 0.16 | 0.2 | 0.22 | 0.22 |
| *Tilt* | 0.22 | 0.26 | 0.3 | 0.33 | 0.35 |
| β | 0.11 | 0 | −0.1 | −0.11 | −0.13 |
| 18 m 开放框架 | | | | | |
| | **BAY①** | **BAY②** | **BAY③** | **BAY④** | **BAY⑤** |
| *Slope* | 0.29 | 0.22 | 0.2 | 0.16 | 0.2 |
| *Tilt* | 0.2 | 0.24 | 0.27 | 0.31 | 0.33 |
| β | 0.09 | −0.02 | −0.07 | −0.15 | −0.13 |
| 18 m 砌体结构 | | | | | |
| | **BAY①** | **BAY②** | **BAY③** | **BAY④** | **BAY⑤** |
| *Slope* | 0.33 | 0.22 | 0.2 | 0.18 | 0.2 |
| *Tilt* | 0.18 | 0.22 | 0.26 | 0.3 | 0.32 |
| β | 0.15 | 0 | −0.06 | −0.12 | −0.12 |

图 2-43 为 $D=1$ m 时建筑物水平位移。由于坑外土体水平位移的作用,建筑物将产生垂直于基坑方向的水平倾斜,三种结构形式建筑物,最大水平位移均出现在建筑物屋顶位置。对比建筑物最大水平位移可知,影响建筑物水平位移大小的因素不仅包括建筑物自身的刚度,同时建筑物自身质量也起到了不能忽略的作用。

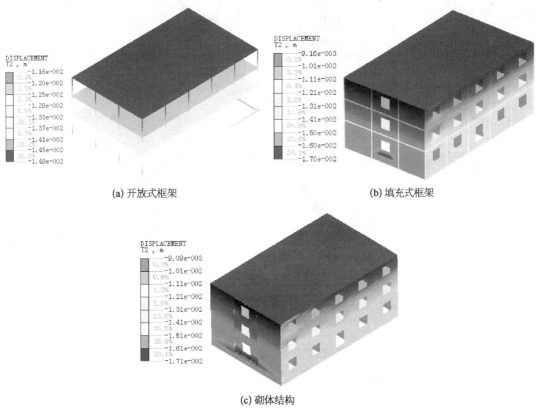

(a) 开放式框架　　　　　　　　　　　　　　(b) 填充式框架

(c) 砌体结构

图 2-43　$D=1$ m 时建筑物水平位移

### 2.6.6　不同开洞比建筑物变形性状

1) 基础沉降变形规律

图 2-44 为建筑物基础沉降变化曲线。对比三种工况下基础沉降曲线可以看出,纵墙开洞率的大小对建筑自身刚度有直接影响,进而对其沉降变形有一定的约束作用,但三者变化趋势大致相同,且协调作用在建筑物跨越坑外土体沉降槽最低点及上凸区域曲率最大点位置时最为明显。以 $D=1$ m 为例,纵墙开洞比为 13% 时,建筑物沉降最大,其值为 12.8 mm;开洞比为 30% 和 40% 时,建筑物沉降次之,其值分别为 12.2 mm、11.9 mm。尽管三种工况下建筑物沉降趋势均呈现明下凹形态,但受开洞比影响时,其沉降挠曲程度存

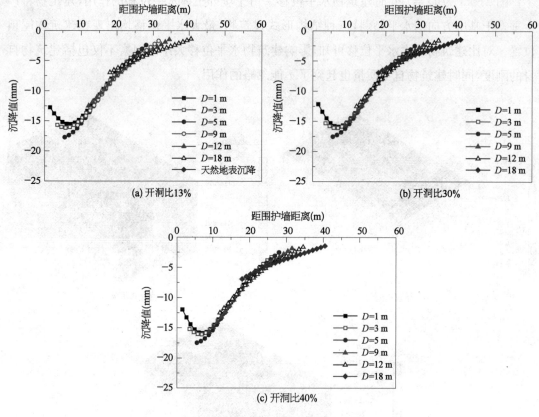

图 2-44　建筑物基础沉降变化曲线

在差异。开洞比为 40% 时,其沉降挠曲程度最大。

　　2) 基础相对挠曲变形规律

　　图 2-45 为建筑物基础相对挠曲变形曲线。

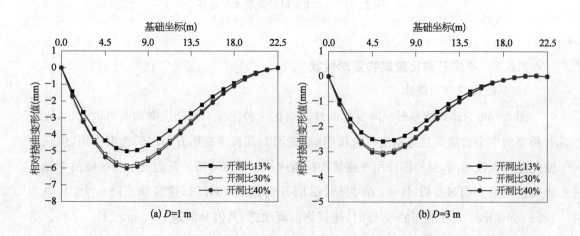

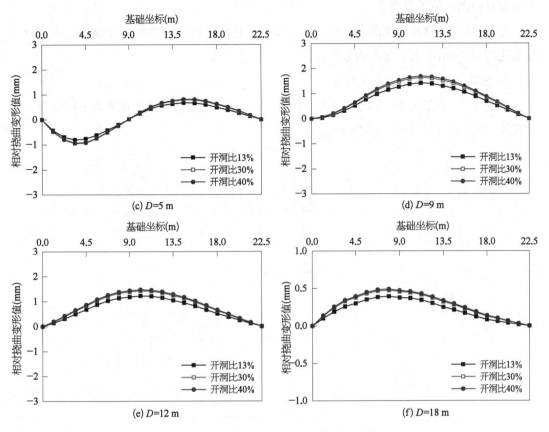

图 2-45 建筑物基础相对挠曲变形曲线

三种开洞比条件下,当 $D=1$ m 和 $D=3$ m 时,纵墙基础相对挠曲均呈现下凹形态,且相对挠曲变形值随着建筑物整体刚度的增大而减小。其中,当 $D=1$ m 时最为明显,纵墙开洞比为 40% 时,相对挠曲变形值最大,其值为 6.02 mm;开洞比为 30% 时,相对挠曲变形值次之,其值为 5.85 mm;开洞比为 13% 时,相对挠曲变形值最小,其值为 5 mm。当 $D=5$ m 时,纵墙基础相对挠曲呈现"∽"形态,其特点为下凹相对挠曲发生在建筑邻近基坑开挖面一侧,上凸相对挠曲发生在建筑远离基坑开挖面一侧;随着纵墙开洞比的增大,建筑物整体刚度减小,纵墙近基坑开挖面侧的下凹相对挠曲最大值逐渐增大,其相对挠曲峰值分别为 0.8 mm、0.9 mm、1 mm;远基坑开挖面侧的上凸相对挠曲变形最大值逐渐增大,其相对挠曲峰值分别为 0.68 mm、0.8 mm、0.84 mm。当 $D \geqslant 9$ m 时,纵墙基础相对挠曲主要呈现上凸形态。此外,当 $D=9$ m 时,即建筑物跨越坑外沉降槽上凸挠曲曲率最大点时,此时纵墙基础上凸形态的相对挠曲最大,相对挠曲变形峰值也随着建筑物整体刚度的减小而增大,开洞比为 40% 时对应值最大,值为 1.7 mm;开洞比为 13% 时对应值最小,值为 1.42 mm。当 $D \geqslant 18$ m 时,建筑物因远离土体开挖面而受其开挖影响较小,三种开洞比的建筑物纵墙基础相对挠曲峰值差异较小。

此外,纵墙基础相对挠曲变形峰值的出现位置并没有因建筑物纵墙开洞比的改变而发生变化,但其峰值的大小存在明显差异。

3) 建筑纵墙主拉应变变化规律

基于 2.6.1 节工况 4～工况 6 条件,列举了不同开洞比条件下建筑物纵墙主拉应变的变化规律,如图 2-46～图 2-48 所示。

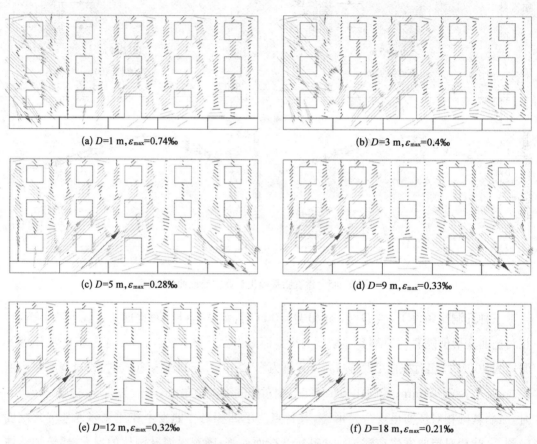

(a) $D=1$ m, $\varepsilon_{max}=0.74‰$      (b) $D=3$ m, $\varepsilon_{max}=0.4‰$

(c) $D=5$ m, $\varepsilon_{max}=0.28‰$      (d) $D=9$ m, $\varepsilon_{max}=0.33‰$

(e) $D=12$ m, $\varepsilon_{max}=0.32‰$      (f) $D=18$ m, $\varepsilon_{max}=0.21‰$

图 2-46 纵墙墙体主拉应变矢量图(工况 4)

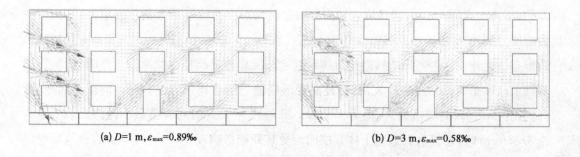

(a) $D=1$ m, $\varepsilon_{max}=0.89‰$      (b) $D=3$ m, $\varepsilon_{max}=0.58‰$

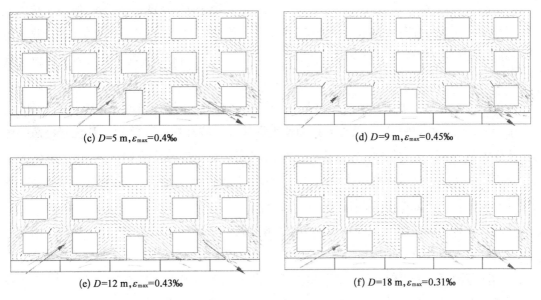

(c) $D$=5 m, $\varepsilon_{max}$=0.4‰　　　　　(d) $D$=9 m, $\varepsilon_{max}$=0.45‰

(e) $D$=12 m, $\varepsilon_{max}$=0.43‰　　　　(f) $D$=18 m, $\varepsilon_{max}$=0.31‰

图 2-47　纵墙墙体主拉应变矢量图（工况 5）

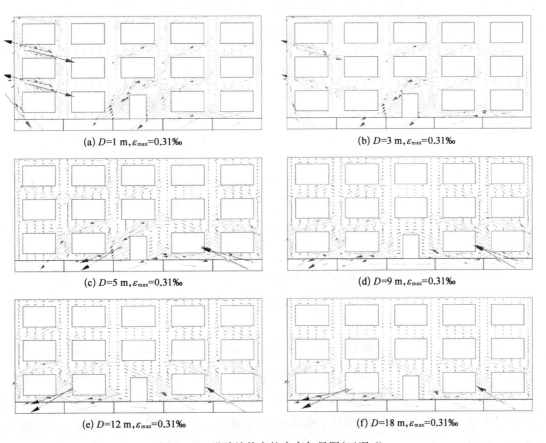

(a) $D$=1 m, $\varepsilon_{max}$=0.31‰　　　　(b) $D$=3 m, $\varepsilon_{max}$=0.31‰

(c) $D$=5 m, $\varepsilon_{max}$=0.31‰　　　　(d) $D$=9 m, $\varepsilon_{max}$=0.31‰

(e) $D$=12 m, $\varepsilon_{max}$=0.31‰　　　　(f) $D$=18 m, $\varepsilon_{max}$=0.31‰

图 2-48　纵墙墙体主拉应变矢量图（工况 6）

由图可知,三种工况下,当 $D=1$ m 时,建筑物相对挠曲均呈现下凹形态,纵墙主拉应变大致呈 45°,主要分布于纵墙位于地层沉降槽最大值的两侧,分布特点如下:① 开洞比为 13% 时,纵墙主拉应变分布较为均匀;开洞比为 30% 时,门、窗与纵墙交接处的主拉应变集中现象明显;开洞比为 40% 时,墙体主拉应变集中在门、窗与纵墙交接处,且出现反方向形态;② 开洞比为 30% 和 40% 时,1 层墙体主拉应变集中现象较开洞比为 13% 时更为明显。当 $D=5$ m 时,纵墙"∽"形态的相对挠曲使得纵墙近基坑开挖面一侧和远基坑开挖面一侧均产生大致呈 45°方向的纵墙主拉应变。窗间墙依然为应变较为集中区域,且远基坑侧墙体拉应变明显大于近基坑侧墙体拉应变。当 $D \geqslant 9$ m 时,纵墙的因上凸形态的相对挠曲使得其两端位置产生大致 45°方向的主拉应变。

对比三种工况下纵墙主拉应变可知,随着建筑物纵墙开洞比的增大,建筑物纵墙的主拉应变峰值先增大后减小。当 $D=1$ m 和 $D=9$ m 时,建筑物跨越坑外土体沉降槽最低点及上凸区域曲率最大点位置时,建筑物纵墙分别呈现下凹和上凸形态相对挠曲,且变形最为明显。当开洞比 13% 时,建筑物刚度较大,相对挠曲变形较小,对应最大主应变为 0.74‰、0.33‰。开洞比 30% 时,建筑物刚度因墙体开洞率的增大而减小,相对挠曲随之增大,对应最大主应变为 0.89‰、0.45‰。开洞比 40% 时,建筑物刚度最小,相对挠曲达到最大,但此时受填充墙面积的影响,其最大主应变仅为 0.59‰、0.37‰。当 $D=3$ m 时,三种工况对应的最大主应变分别为 0.4‰、0.57‰、0.41‰。当 $D=5$ m 时,三种工况对应的最大主应变分别为 0.28‰、0.4‰、0.22‰。当 $D=12$ m 时,三种工况对应的最大主应变分别为 0.32‰、0.43‰、0.36‰。当 $D=18$ m 时,三种工况对应的最大主应变分别为 0.21‰、0.3‰、0.25‰。由此可知,纵墙主拉应变主要受建筑物相对挠曲变形和自身开洞比影响。

通过建立基坑—建筑物三维有限元数值模型,分析不同结构形式浅基建筑受基坑开挖影响,揭示了建筑物与地层相互作用的变形特征。建筑物结构形式包括开放式框架、填充式框架及砌体结构。此外,针对填充式框架,重点分析了开洞比对建筑物整体变形的影响。结果表明:

(1)随着建筑物逐渐远离基坑开挖面,建筑物相对挠曲形态将逐步由下凹变形形态转变为"∽"变形形态,最后呈现为上凸变形形态,且当建筑物跨越坑外沉降槽最低点及上凸曲率最大点时,相对挠曲最为明显。

(2)当建筑物为不同结构形式时,建筑物整体刚度存在明显差异,其中填充式框架整体刚度最大,开放式框架次之,砌体结构整体刚度最小。因此受建筑物整体刚度影响,砌体结构对应的角变形及墙体主拉应变最大,开放框架次之,填充框架最小。对比不同墙体开洞比条件下填充框架墙体主拉应变分布规律可知,墙体主拉应变峰值及方向受开洞比影响存在明显差异。

（3）α 为任意角度时，建筑物墙体将发生倾斜。当 D 值为定值时，建筑物纵墙的倾斜随着夹角 α 的增大逐渐增大，横墙倾斜变化规律则反之。当 α 为定值，纵墙倾斜值则随着 D 值的增大而呈现出减小趋势，横墙倾斜峰值则发生在 $D=9$ m 处。

（4）当 $α\neq90°$ 时，建筑物将产生横、纵向水平位移，且当 D 值保持不变时，其横、纵向水平位移最大值均随着其角度 α 的增大逐渐减小。当建筑物与基坑边夹角相同时，其横、纵向水平位移最大值则随着其与基坑边水平距离 D 的增大，而先增大后减小，水平位移最大值出现在 $D=5$ m 处。

（5）当 $D=1$ m 时，正立面纵墙相对挠曲呈单纯的下凹形态。除 $α=30°$ 所对应正立面纵墙发生较明显的下凹挠曲变形外，建筑物正立面纵墙随着与水平距离 D 的增大，将逐步转变为"∽"形，上凸挠曲变形。正立面纵墙下凹形态的相对挠曲变形最大值和上凸形态的相对挠曲变形度最大值分别发生在 $α=90°$ 且跨越坑外土体沉降最大点和上凸挠曲曲率最大点值位置。

（6）当 $α\neq90°$ 时，建筑物整体结构将会发生扭转变形，并且伴随着建筑物逐渐远离基坑开挖面，建筑物将逐步由逆时针扭转变形转变为顺时针扭转变形，并且当 $D=1$ m 且 $α=30°$ 所对应的结构扭转变形最为显著。

（7）当 α 为任意值时，正立面框架邻近基坑开挖一侧梁、柱端弯矩均较大，而背立面框架除 $α\neq90°$ 时，远离基坑一侧的梁、柱弯矩值均较大。1 层柱弯矩则沿①轴至⑤轴由柱底弯矩为正值，柱顶弯矩为负值转变为柱底弯矩为负值，柱顶弯矩为正值。2～3 层柱弯矩变化规律反之。

（8）当 α 为任意角度时，其纵墙将在扭转、挠曲变形的协同作用下产生相应的主拉应变。建筑物正立面纵墙最大主拉应变发生其跨越坑外土体沉降槽最低点和上凸挠曲曲率最大点位置处，挠曲变形将起主要影响作用。建筑物背立面纵墙最大主拉应变则发生 $D=5$ m 处，此时建筑物挠曲、扭转变形的协同作用成为主要影响因素，由此说明，一般大小的复合变形作用同样会降低邻近建筑结构的可靠性。

（9）梁、柱刚度损伤直接影响建筑物整体刚度，从而决定了其对基坑开挖面外部土体位移场约束作用的强弱，但二者的变形规律大致相同。

（10）梁、柱同时损伤且在某一损伤刚度条件下，建筑物随着距离 D 的增大，纵墙相对挠曲均逐步由下凹形态转变为"∽"形态，最终表现为上凸形态。当梁、柱刚度损伤较小时，建筑沉降曲线近似直线分布，原因在于建筑刚度的协调作用较为明显，其相对挠曲变形和纵墙拉应变较小；随着梁、柱刚度损伤的增大，建筑物整体刚度逐渐减小，其对基坑开挖面外部土体沉降变形的抑制协调作用亦随之减弱，建筑物沉降曲线将逐步呈现出较为明显下凹和上凸形态。当梁、柱损伤较大时，其下凹形态和上凸形态相对挠曲最为明显，与之对应的墙体主拉应变亦随之增大，但墙体的拉应变分布趋势与峰值出现位置基本保持不变。

（11）梁、柱刚度分别损伤条件下，建筑物相对挠曲呈现下凹形态时，梁刚度对加强建筑整体刚度的作用明显高于柱的作用。当建筑相对挠曲呈现上凸形态时，柱刚度对加强建筑整体刚度的作用明显高于梁的作用。

# 第 3 章

基坑开挖对邻近大底盘
多塔楼结构影响分析

为了控制土体位移,保证基坑周边建筑物的安全,常使用地下连续墙进行支护。当地下连续墙支护仍不能满足周边环境对土体变形的要求时,常常采用地下连续墙与内支撑联合支护。因此,本章将以地下连续墙与内支撑联合支护的群体深基坑为工程背景,简化出有限元模型,建立了双基坑-大底盘多塔楼整体三维有限元模型,进而分析双基坑开挖对既有大底盘多塔楼的变形影响。本章采用 Mohr-Coulomb 土体模型来模拟具体土层物理力学参数、并对基坑开挖尺寸、围护体系、建筑物的几何尺寸及材料参数等进行详细的模拟。

## 3.1  模型概况

图 3-1 为大底盘多塔楼有限元模型。大底盘多塔楼为地上 12 层框架结构,其中塔楼10 层,采用 3 跨×3 跨布置,柱距 6 m,层高 3.6 m。底盘 2 层,采用 18 跨×7 跨,柱距 6 m,层高 4 m。大底盘采用桩筏基础,筏板厚 1 m,悬挑 2 m。桩采用等长均匀布置,桩径 1 m,桩长 15 m,间距 6 m。各建筑构建具体参数见表 3-1。

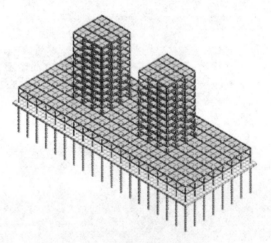

图 3-1  大底盘多塔楼有限元模型

表 3-1  建筑结构参数

| 构件 | 单元类型 | 模型类型 | 尺 寸 | 弹性模量 $E$ (GPa) | 泊松比 $v$ | 混凝土等级 |
|---|---|---|---|---|---|---|
| 梁 | 1D | 弹性 | 0.4 m×0.6 m | 29 | 0.2 | C30 |
| 板 | 2D | 弹性 | 厚: 0.15 m | 29 | 0.2 | C30 |
| 柱 | 1D | 弹性 | 0.5 m×0.5 m | 29 | 0.2 | C30 |
| 桩 | 1D | 弹性 | 直径: 1 m 长: 5 m | 32 | 0.2 | C40 |
| 筏板 | 3D | 弹性 | 厚: 1 m | 32 | 0.2 | C40 |

图 3-2 为大底盘多塔楼与基坑有限元模型。基坑开挖范围均为 40 m×40 m×14 m，多塔楼底盘与基坑开挖面的水平距离为 15 m。基坑围护结构采用地下连续墙和两道环形混凝土支撑。地下连续墙高 24 m，立柱长 22 m，环形支撑共设置 2 道，分别位于地下 2 m 与地下 8 m 处。各结构参数见表 3-2。

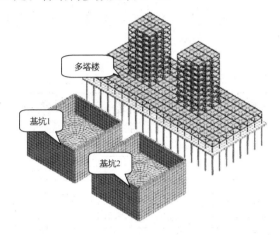

图 3-2　大底盘多塔楼
与基坑有限元模型

表 3-2　结构尺寸及材料信息

| 材　料 | 单元类型 | 模型类型 | 容重 γ (kN/m³) | 弹性模量 E (GPa) | 截　面 |
|---|---|---|---|---|---|
| 地连墙 | 板 | 弹性 | 26 | 20 | 厚度：1.0 m |
| 基坑底板 | 板 | 弹性 | 26 | 20 | 厚度：0.5 m |
| 支　撑 | 梁 | 弹性 | 25 | 24 | 矩形：0.8×1.0 m |
| 圈　梁 | 梁 | 弹性 | 25 | 24 | 矩形：1.0×1.0 m |
| 立　柱 | 梁 | 弹性 | 25 | 24 | 圆形：直径 0.6 m |

图 3-3 为土体-基坑-多塔楼共同作用有限元模型。为了充分考虑工程的影响范围，模型尺寸取 196 m×160 m×46 m，且大底盘多塔楼和双基坑对称分布。为了简化计算，模型中不考虑施工荷载、施工堆载及基坑的开挖时间，仅仅考虑基坑的开挖顺序。

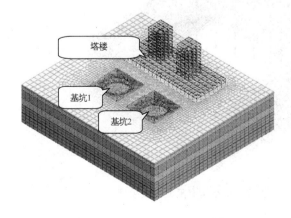

图 3-3　土体-基坑-多
塔楼共同作用有限元
模型

## 3.2 模型工程地质条件

本模型土体本构模型采用 Mohr-coulomb 模型，根据工程勘测报告及工程经验可确定本模型现场土层共分为 6 层，分别为填土、粉质黏土①、淤泥质土、黏土、粉质黏土②、砂土。具体土体参数见表 3-3。

表 3-3　土层分布及物理力学参数

| 层号 | 土　层 | 层厚 (m) | 土体重度 $\gamma$ (kN/m³) | 弹性模量 $E$ (MPa) | 泊松比 $\nu$ | 黏聚力 $c$ (kPa) | 摩擦角 $\varphi$ (°) |
|---|---|---|---|---|---|---|---|
| 1 | 填　土 | 2 | 17.0 | 22.5 | 0.33 | 0 | 22 |
| 2 | 粉质黏土① | 4 | 18.5 | 32.0 | 0.32 | 26 | 17 |
| 3 | 淤泥质土 | 10 | 16.9 | 17.9 | 0.33 | 11 | 12.5 |
| 4 | 黏　土 | 8 | 17.8 | 39.2 | 0.26 | 14 | 14.5 |
| 5 | 粉质黏土② | 10 | 19.5 | 48.5 | 0.29 | 16 | 22.5 |
| 6 | 砂　土 | 12 | 18.8 | 96.4 | 0.24 | 1 | 33.0 |

## 3.3 模型基本信息

1）三维基坑围护结构参数信息

地下连续墙及基坑底板采用有厚度的 2D 板单元模拟，将板单元的厚度定义为地下连续墙及基坑底板的厚度，支撑及圈梁均采用 1D 梁单元进行模拟，地下连续墙和支撑、圈梁

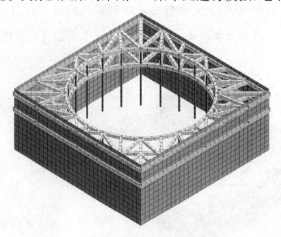

图 3-4　基坑围护结构有限元离散模型

等均采用 C25 混凝土的强度和模量参数,支撑立柱采用直径为 600 mm 的排桩进行模拟,排桩采用梁单元,如图 3-4 和表 3-4 所示。

表 3-4　结构尺寸及材料信息

| 材　料 | 单元类型 | 本构类型 | 重度 $\gamma$ (kN/m³) | 弹性模量 $E$ (GPa) | 截　　面 |
|---|---|---|---|---|---|
| 地连墙 | 板 | 弹性 | 26 | 20 | 厚度:1.0 m |
| 衬　砌 | 板 | 弹性 | 25 | 28 | 厚度:0.35 m |
| 基坑底板 | 板 | 弹性 | 26 | 20 | 厚度:0.5 m |
| 支　撑 | 梁 | 弹性 | 25 | 24 | 矩形:0.8 m×1.0 m |
| 圈　梁 | 梁 | 弹性 | 25 | 24 | 矩形:1.0 m×1.0 m |
| 立　柱 | 梁 | 弹性 | 25 | 24 | 圆形:直径 0.6 m |

2) 模型边界、初始条件

模型均不考虑地下水渗流,所有边界条件均为位移边界条件。其中,地表为自由边界条件,其他面限制边界的水平及竖向位移均为零。

对初始地应力的计算主要考虑土体自重应力的生成。在计算时求得初始应力场,且土体的初始位移全部清零。

3) 模型工况设置

本工程双基坑平行大底盘分布,为了研究双基坑开挖对大底盘多塔楼桩筏基础的影响,假设双基坑同时开挖,且施工工况相同,具体工况设置及离散图如下。

工况 1:激活土体,平衡地应力,位移清零(图 3-5);

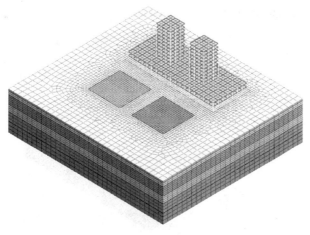

图 3-5　工况 1

工况 2：激活上部建筑，位移清零（图 3-6）；

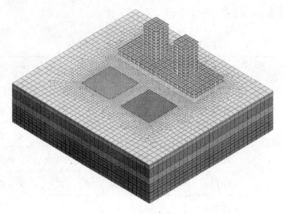

图 3-6 工况 2

工况 3：施工地连墙和立柱（图 3-7）；

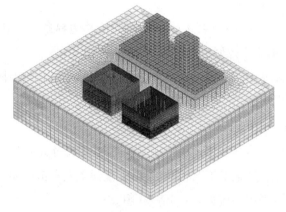

图 3-7 工况 3

工况 4：基坑土体开挖至地下 2 m（图 3-8）；

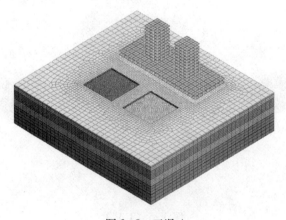

图 3-8 工况 4

工况 5：安装基坑第一道支撑与圈梁(图 3-9)；

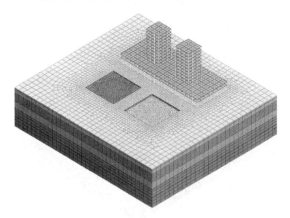

图 3-9　工况 5

工况 6：基坑土体开挖至地下 8 m(图 3-10)；

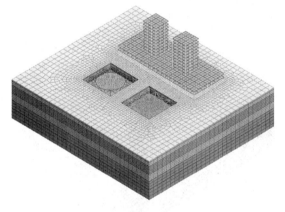

图 3-10　工况 6

工况 7：安装基坑第二道支撑与圈梁(图 3-11)；

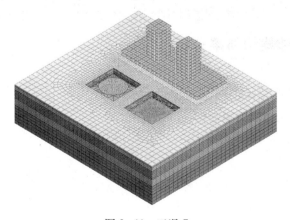

图 3-11　工况 7

工况 8：开挖基坑至地下 14 m（图 3-12）；

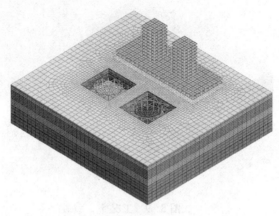

图 3-12　工况 8

工况 9：施工基坑底板（图 3-13）。

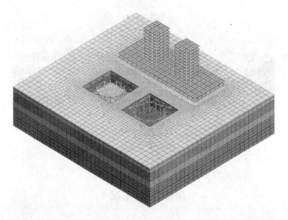

图 3-13　工况 9

## 3.4　模型数值模拟结果分析

### 3.4.1　建筑-土体整体位移

开挖第一层土土体各向位移如图 3-14 所示。

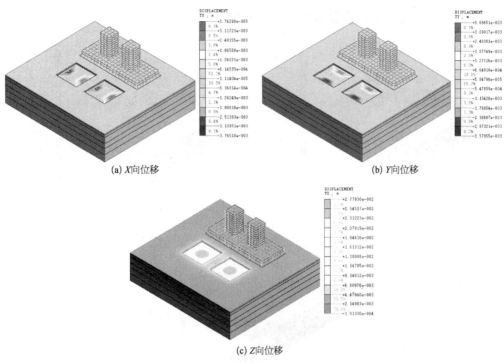

图 3-14　开挖第一层土各向位移图

施工第一道支撑土体各向位移如图 3-15 所示。

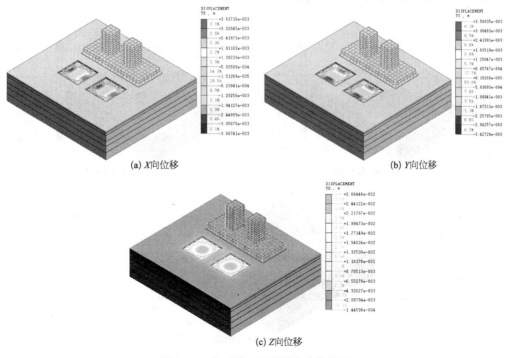

图 3-15　施工第一道支撑各向位移图

开挖第二层土土体各向位移如图 3-16 所示。

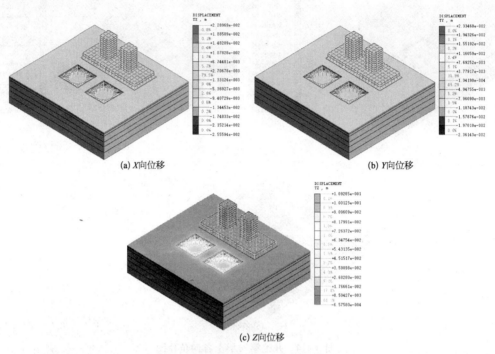

(a) X向位移      (b) Y向位移

(c) Z向位移

图 3-16　开挖第二层土各向位移图

施工第二道支撑土体各项位移如图 3-17 所示。

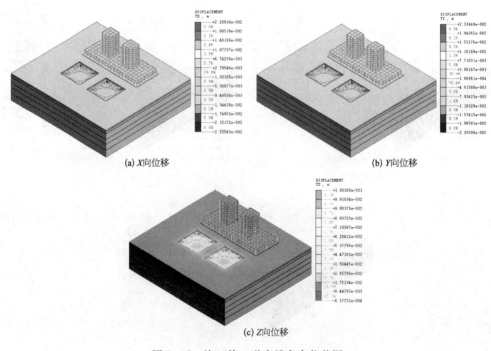

(a) X向位移      (b) Y向位移

(c) Z向位移

图 3-17　施工第二道支撑各向位移图

开挖第三层土土体各向位移如图 3-18 所示。

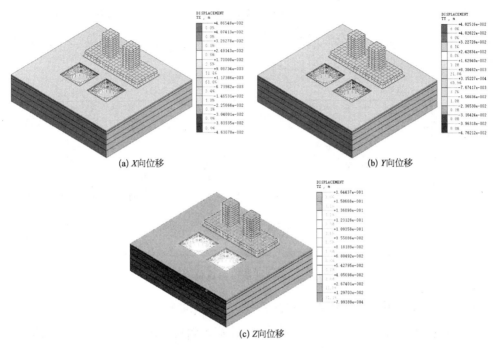

(a) X向位移

(b) Y向位移

(c) Z向位移

图 3-18　开挖第三层土各向位移图

施工底板土体各向位移如图 3-19 所示。

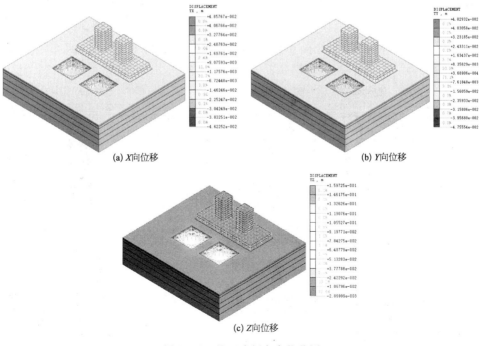

(a) X向位移

(b) Y向位移

(c) Z向位移

图 3-19　施工底板各向位移图

### 3.4.2 桩的水平侧移

由于本书计算模型桩体较多,为了便于分析,提取了 8 根桩的数据进行研究,分别为 Z1、Z2、Z3、Z4、Z5、Z6、Z7 和 Z8。其中 Z1、Z2、Z3、Z4 位于基坑中心对应位置,Z5、Z6、Z7、Z8 位于基坑边缘对应位置,如图 3−20 所示。

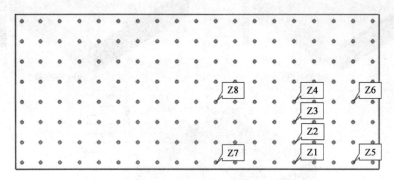

图 3−20　桩基监测点位图

图 3−21 为基坑开挖过程中桩的侧移随深度的变化曲线。

由图可以看到,随着基坑开挖深度的增加,桩的侧移不断增大,桩基的最大位移均出现在桩底;桩身在整个深度范围内其侧移的变化较小。

图 3−21 各分图分别为基坑开挖过程中 Z1、Z2、Z3、Z4、Z5、Z6、Z7 和 Z8 桩的侧移随着深度的变化曲线。图 3−21a 中桩基的最大水平位移为 2.36 mm;图 3−21b 中桩基的最大水平位移为 1.83 mm;图 3−21c 中桩基的最大水平位移为 1.63 mm;图 3−21d 中桩基的最大水平位移为 1.21 mm;图 3−21e 中桩基的最大水平位移为 1.21 mm;图 3−21f 中桩基

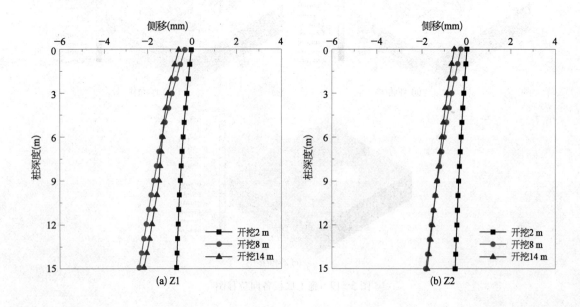

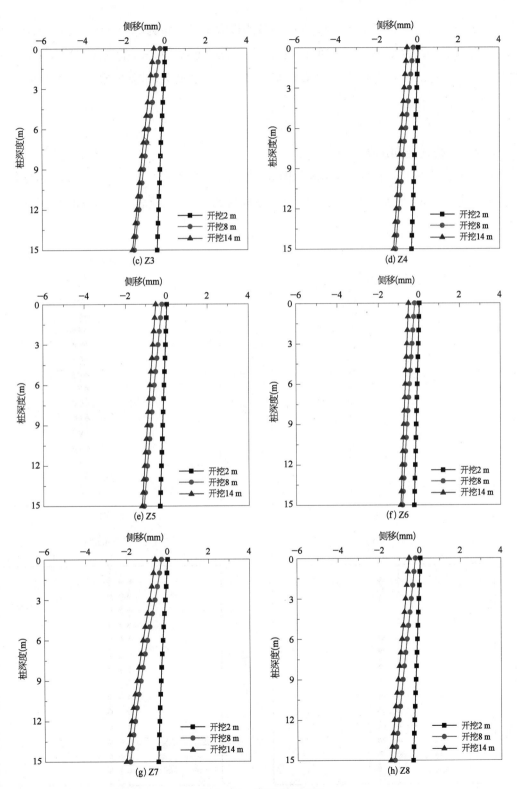

图 3-21　桩基水平位移

的最大水平位移为 0.9 mm；图 3-21g 中桩基的最大水平位移为 2.05 mm；图 3-21h 中桩基的最大水平位移为 1.44 mm。通过八幅曲线图的对比分析可知，基坑开挖过程中距离基坑开挖中心最近的桩基变形最大，随着桩基与基坑距离的增大，桩基的水平位移逐渐变小，且最大变形位置在桩底。

### 3.4.3　桩的竖向沉降

每根桩在不同工况下的沉降情况如图 3-22 所示。图 3-22 中一撑表示第一道支撑安装完成后的位移，二撑表示第二道支撑安装完成后的位移，底板表示基坑底板施工完成后的位移。

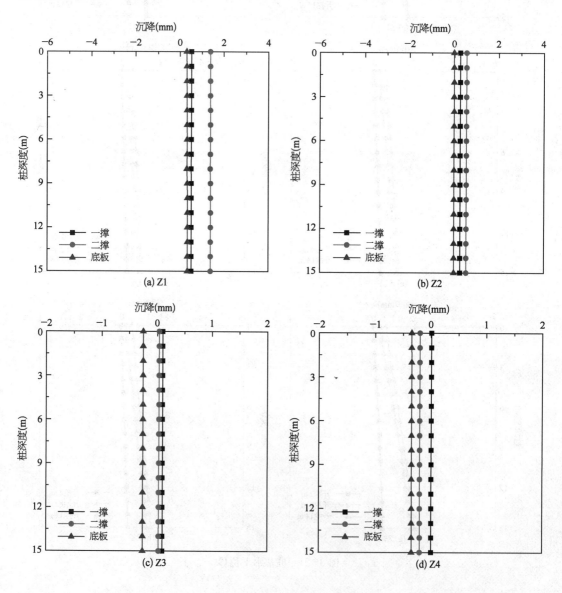

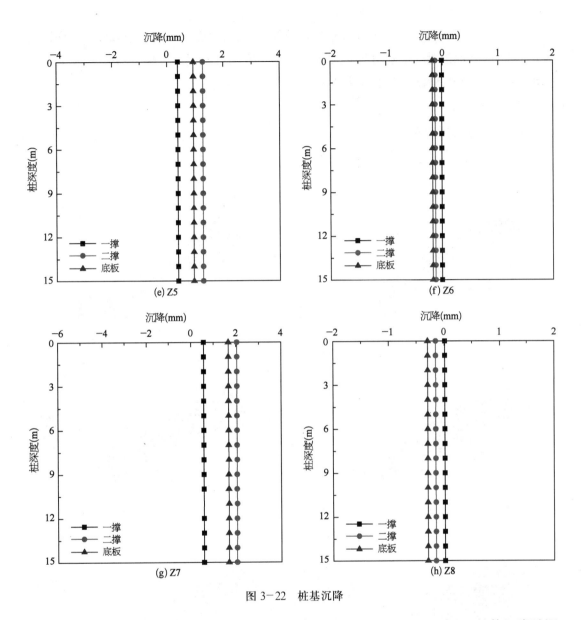

图 3-22　桩基沉降

图 3-22 各分图分别为基坑开挖过程中 Z1、Z2、Z3、Z4、Z5、Z6、Z7 和 Z8 桩体沉降随深度变化曲线。由图可以看到,除了图 3-22a、e、g 外,随着基坑开挖深度的增加,桩基的沉降不断增大,这是由于基坑开挖、土体卸荷导致桩周土体密实度减小,土体的力学特性发生变化,进而导致桩体沉降。在整个深度范围内桩体沉降差异较小。

基坑开挖完成后,图 3-22a 中桩基的最大沉降为 -0.34 mm(上浮);图 3-22b 中桩基的最大沉降为 0.02 mm;图 3-22c 中桩基的最大沉降为 0.26 mm;图 3-22d 中桩基的最大沉降为 0.34 mm;图 3-22e 中桩基上浮 -0.38 mm(上浮);图 3-22f 中桩基的最大沉降为 0.1 mm;图 3-22g 中桩基的最大沉降为 -1.66 mm(上浮);图 3-22h 中桩基的最大沉降为

0.30 mm。通过八幅曲线图的对比分析可知,基坑开挖过程中基坑边缘附近的桩基会产生一定的上浮;其他位置的桩基均产生沉降变形,但所有的桩基竖向变形量都很小,这是因为多塔楼的大底盘整体性较好,对预防结构的竖向变形起到很好的作用。

### 3.4.4 筏板的变形

图 3-23 为基坑开挖过程中筏板变形云图。

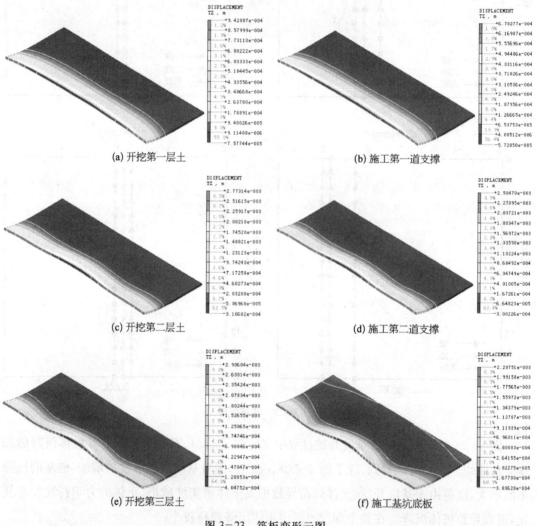

(a) 开挖第一层土  (b) 施工第一道支撑

(c) 开挖第二层土  (d) 施工第二道支撑

(e) 开挖第三层土  (f) 施工基坑底板

图 3-23 筏板变形云图

如图所示,整个开挖过程中筏板的变形呈对称分布,基坑邻近的筏板会发生隆起变形,距离基坑稍远的位置发生沉降变形,但沉降量很小;随着基坑开挖深度的增加,靠近基坑附近的筏板变形呈"W"形分布。基坑开挖完成时,基坑开挖边缘附近筏板最大隆起变形为

2.21 mm;距离基坑稍远的位置发生最大沉降变形为 0.38 mm;基坑开挖边缘附近筏板最大隆起变形为 2.21 mm。由此可见,筏板的差异沉降较小,这是由于大底盘整体性优越,一定程度上可有效抵抗竖向变形。

### 3.4.5　上部结构的变形

图 3-24 为基坑过程中上部结构变形云图。

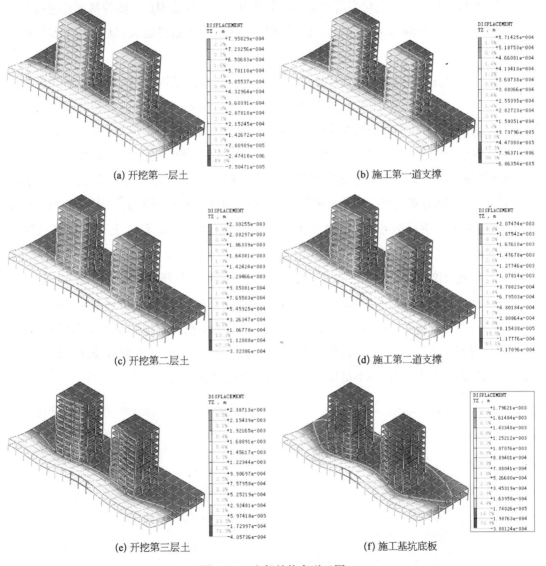

(a) 开挖第一层土　　　　　　　(b) 施工第一道支撑

(c) 开挖第二层土　　　　　　　(d) 施工第二道支撑

(e) 开挖第三层土　　　　　　　(f) 施工基坑底板

图 3-24　上部结构变形云图

如图所示,整个开挖过程中上部结构的变形呈对称分布。基坑邻近的大底板盘会发生很小的隆起变形,距离基坑稍远的位置发生沉降变形,但沉降量很小;随着基坑开挖深度的增加,靠近基坑附近的大底盘变形呈"W"形分布;基坑开挖过程塔楼始终产生沉降,同样沉降量不大。基坑开挖完成时,基坑开挖边缘附近底盘最大隆起变形为 1.80 mm;塔楼最大沉降变形为 0.38 mm。因此,双基坑开挖对邻近大底盘多塔楼上部结构的变形影响很小,不足以对其的正常使用造成影响。

通过三维有限元软件模拟了基坑开挖对邻近大底盘多塔楼变形影响,得到以下主要结论:

(1) 基坑开挖会使大底盘多塔楼桩基产生指向基坑位置的侧移。随着基坑开挖深度的增加,桩基的侧移不断增大;距离基坑开挖中心越近,桩基侧移越大,且最大变形位置在桩底。

(2) 基坑开挖会使大底盘多塔楼桩基产生不均匀沉降。基坑开挖过程中基坑边缘附近的桩基会产生一定的上浮;其他位置的桩基均产生沉降变形,但所有的桩基竖向变形量都很小,这是因为多塔楼的大底盘整体性较好,对预防结构的竖向变形起到很好的作用。

(3) 基坑开挖会使大底盘多塔楼筏板发生变形,整个开挖过程中筏板的变形呈对称分布,基坑邻近的筏板会发生隆起变形,距离基坑稍远的位置发生沉降变形,但无论是隆起还是沉降都很小;随着基坑开挖深度的增加,靠近基坑附近的筏板变形呈 "W"形分布。整体而言,筏板的差异沉降较小,这是由于大底盘整体性优越,一定程度上可有效抵抗竖向变形。

(4) 基坑开挖会使大底盘多塔楼上部结构发生变形,整个开挖过程中上部结构的变形呈对称分布。基坑邻近的大底板盘会发生很小的隆起变形,距离基坑稍远的位置发生沉降变形,沉降量很小;随着基坑开挖深度的增加,靠近基坑附近的大底盘变形呈"W"形分布;基坑开挖过程塔楼始终产生沉降,同样沉降量不大。因此,双基坑开挖对邻近大底盘多塔楼上部结构的变形影响很小,不足以对其的正常使用造成影响。

# 第 4 章

竖向荷载作用下大底盘多塔楼
结构桩筏基础优化设计研究

本章建立的理论数值模型首先建立大底盘多塔楼结构整体模型,模拟桩筏基础在不同优化设置方案下的受力、变形特性及上部结构因不同的基础设置方案所带来的内力、变形等变化,以寻求工程上的最佳方案。

## 4.1 大底盘多塔楼结构模型概况

### 4.1.1 大底盘多塔楼概况
图 4-1 为大底盘多塔楼整体模型图。

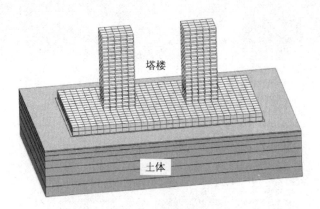

图 4-1 大底盘多塔楼整体几何模型

其中本次模拟的大底盘多塔楼为纯框架结构,其中塔楼 2 座,20 层,对称布置,塔楼之间相距 48 m,地下室 2 层;塔楼采用 5 跨×4 跨,地下室采用 30 跨×16 跨,柱距均为 6 m,塔楼层高 3.5 m,地下室层高 4 m,塔楼每层结构布置形式均相同,土体尺寸为 244 m×220 m×45 m。本模型仅考虑自重作用下的影响。

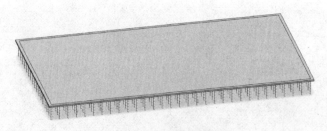

图 4-2 桩筏基础模型

基础采用桩筏基础,筏板平面尺寸为 184 m×100 m,摩擦桩初始采用均匀等长布置,初始桩长 10 m,桩间距 6 m,筏板从边柱向外悬挑 2 m。其余构件参数信息见表 4-1。

表 4-1　构件物理参数表

| 构 件 | 尺 寸 | 混凝土等级 |
|---|---|---|
| 梁 | 截面：0.4 m×0.6 m | C30 |
| 板 | 平面：6 m×6 m<br>厚：0.15 m | C30 |
| 地下室墙 | 平面：6 m×4 m<br>厚：0.25 m | C30 |
| 柱 | 0.5 m×0.5 m | C30 |
| 桩 | 直径：1 m | C40 |
| 筏板 | 厚：1 m | C40 |

### 4.1.2　地质土层参数信息

　　上海地处长江三角洲东南前缘，全境地面标高多在 3.5～4.5 m(吴淞高程)。西部为淀泖洼地，东部为碟缘高地，高差 2～3 m。上海境内地貌，除西部零星分布的剥蚀残丘外，可划分为湖沼平原、滨海平原、砂嘴砂岛和潮坪等四种主要类型。

　　现场地层包括七种土层，依次为填土、粉质黏土①、淤泥质土、粉质黏土②、砂土、粉质黏土③、粉土。土体采用 Mohr-Coulomb 模型，仅考虑土体各向同性，土物理参数见表 4-2。

表 4-2　土层分布及物理力学参数

| 层号 | 土 体 | 土层厚度 $h$(m) | 土体重度 $\gamma$(kN/m³) | 弹性模量 $E_s$(MPa) | 泊松比 $v_s$ | 黏聚力 $C$(kPa) | 内聚角 $\varphi$(°) |
|---|---|---|---|---|---|---|---|
| 1 | 填 土 | 1 | 17.0 | 22.5 | 0.33 | 10 | 15 |
| 2 | 粉质黏土① | 4 | 18.5 | 32.0 | 0.32 | 22 | 17 |
| 3 | 淤泥质土 | 5 | 16.9 | 17.9 | 0.33 | 14 | 12.5 |
| 4 | 粉质黏土② | 7 | 19.5 | 39.2 | 0.26 | 25 | 14.5 |
| 5 | 粉质黏土③ | 8 | 21 | 48.5 | 0.29 | 22 | 22.5 |
| 6 | 粉 土 | 10 | 19.7 | 80.5 | 0.32 | 5 | 30 |
| 7 | 砂 土 | 12 | 18.8 | 96.4 | 0.24 | 1 | 33.0 |

## 4.2　有限元数值模型的建立

　　表 4-3 为在 Midas GTS 中对不同构件采用的模拟单元类型。

表4-3 建筑整体有限元参数表

| 构 件 | 单元类型 | 弹性模量 $E_c$ (GPa) | 泊松比 $v_c$ |
|:---:|:---:|:---:|:---:|
| 梁 | 梁 | 29 | 0.2 |
| 板 | 板 | 29 | 0.2 |
| 墙 | 板 | 29 | 0.2 |
| 柱 | 梁 | 29 | 0.2 |
| 桩 | 桩 | 32 | 0.2 |
| 筏板 | 实体 | 32 | 0.2 |

另外,土体均采用实体单元。整体有限元模型及细部构件网格如图4-3～图4-5所示。

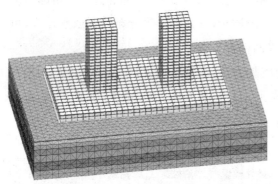

图4-3 大底盘多塔楼整体有限元模型

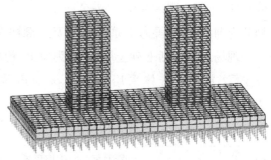

图4-4 大底盘多塔楼结构有限元模型

图4-5 桩筏基础有限元模型

根据工程经验可知,在桩筏基础中,通过设置不同的厚度筏板厚度及改变桩的物理参数,桩筏基础在受力和变形上往往会产生较大的差异性,上部结构的内力及变形也会因此而改变。为了研究桩筏基础在不同设置方案下所引起的上述影响,本项目共设置8种不同设置方案,具体方案见表4-4。

表 4-4　桩筏基础方案设置表　　　　　　　　　　　　　　（m）

| 位置 | 构件 | 方案 1 | 方案 2 | 方案 3 | 方案 4 | 方案 5 | 方案 6 | 方案 7 | 方案 8 |
|---|---|---|---|---|---|---|---|---|---|
| 塔楼 | 筏板 | 1 | 1 | 1 | 1 | 1 | 1 | 1 | 1 |
| | 桩长 | 10 | 20 | 30 | 20 | 20 | 20 | 30 | 30 |
| | 桩径 | 1 | 1 | 1 | 1 | 1 | 1 | 1 | 1 |
| | 桩间距 | 6 | 6 | 6 | 6 | 6 | 6 | 6 | 3 |
| 地下室 | 筏板 | 1 | 1 | 1 | 1 | 1 | 0.5 | 0.5 | 0.5 |
| | 桩长 | 10 | 20 | 30 | 10 | 0 | 0 | 0 | 0 |
| | 桩径 | 1 | 1 | 1 | 1 | 0 | 0 | 0 | 0 |
| | 桩间距 | 6 | 6 | 6 | 6 | 0 | 0 | 0 | 0 |

## 4.3　数值模拟结果分析

### 4.3.1　竖向沉降分析

图 4-6 为不同桩筏基础方案下建筑整体沉降云图。

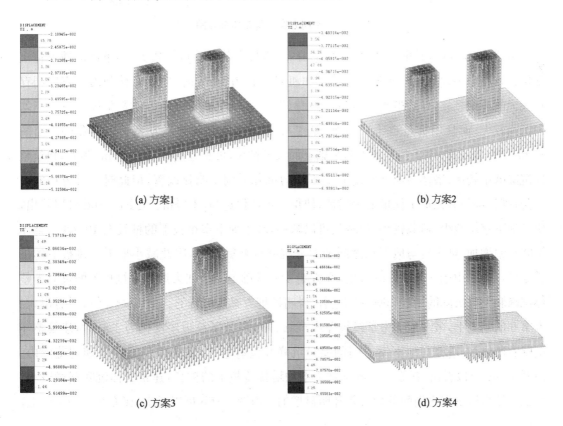

(a) 方案1　　　　　　　　　　　　　(b) 方案2

(c) 方案3　　　　　　　　　　　　　(d) 方案4

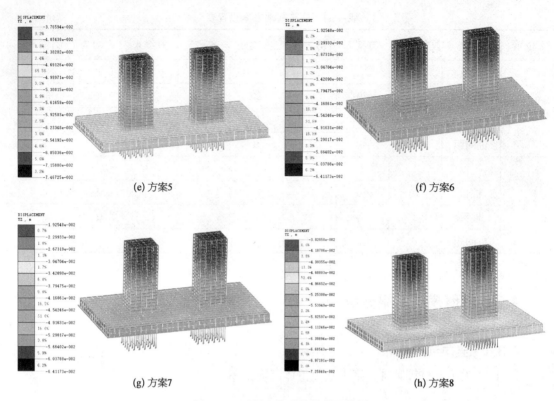

(e) 方案5

(f) 方案6

(g) 方案7

(h) 方案8

图 4-6　不同方案建筑整体沉降图

由图 4-6a 可以看出,沉降成对称形分布,塔楼上部沉降位移较大,而下部的地下室沉降位移较小。塔楼与地下室筏板下均匀布桩且桩长为 10 m 时,由于塔楼与地下室之间存在很大的荷载差异,导致塔楼下部沉降位移较大,这样布桩不仅使得建筑整体产生的不均匀沉降较大,而且用桩量也十分可观,从工程实际的角度来看是应当予以避免的。由图 4-6b、c 可以看出,由于在方案 1 的基础上加大了桩长,桩长分别达到了 20 m、30 m,建筑整体沉降减小较多,塔楼与地下室之间的不均匀沉降得到了明显改善,但此时不可忽略的一点是,桩长增长导致桩工程量显著增加,使得工程造价过高,不经济。由图 4-6d 可以看出,由于地下室层数少,荷载较小,故桩长可以减小,减小地下室筏板下的桩长至 10 m 时,整体沉降小幅增加,且塔楼与地下室之间的差异沉降仅略微增加,因此减小地下室筏板下的桩长是可行的。由图 4-6e 可以看出,在方案 4 的基础上完全抽去地下室筏板下的桩对于整体沉降和差异沉降的增加影响并不显著,说明抽桩方案是可行的。由图 4-6f 可以看出,在方案 5 的基础上,减少地下室下筏板厚度至 0.5 m,塔楼下筏板厚度仍为 1 m 时,建筑整体沉降有所增加,塔楼与地下室之间的差异沉降并没有增加,沉降值仍然在合理的范围内。由图 4-6g 可以看出,在方案 6 的基础上增加塔楼筏板下的桩长,建筑整体沉降略微减小,但是塔楼与地下室之间的差异沉降却明显增加。由图 4-6h 可以看出,在方案 7 的基础上,减小塔楼法办下的所布桩的桩间距后,对于建筑整体沉降减小并不明显,塔楼与地下室之间的差异沉降基本和方案 7 相同。

　　图 4-7 为不同方案下桩筏基础沉降云图。

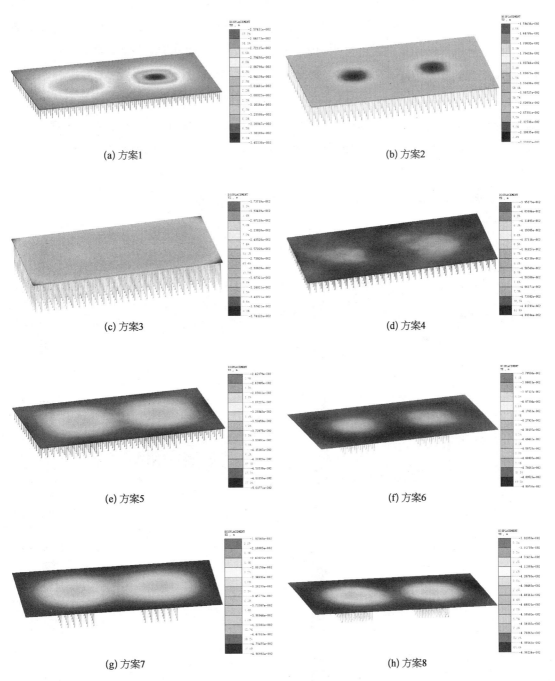

(a) 方案1

(b) 方案2

(c) 方案3

(d) 方案4

(e) 方案5

(f) 方案6

(g) 方案7

(h) 方案8

图 4-7　不同方案桩筏基础沉降图

由图 4-7a 可以看出,桩筏基础沉降呈现塔楼区域内大,而四周小的对称分布,这种不均匀沉降可称之为"碟形沉降"。由图 4-7b、c 可以看出,加大桩长后,桩筏基础的差异沉降减小较为明显,但用桩量却显著增加,不经济。由图 4-7d 可以看出,减小地下室筏板下的桩长后,塔楼下区域内与地下室下区域内的桩筏基础差异沉降并无增加,所以优化是可行的、合理的。由图 4-7e 可以看出,仅在塔楼筏板下布桩时,差异沉降较方案 3、方案 4 略有所增加,差异沉降增加量仍在可控范围内。由图 4-7f 可以看出,减小地下室下筏板的厚度后,桩筏基础的整体沉降有所增加,但塔楼与地下室所在区域的桩筏基础差异沉降却在减小。由图 4-7g 可以看出,在方案 6 的基础上增加塔楼下部的桩长,使得塔楼下部的桩筏基础沉降减小,但与地下室下部的桩筏基础之间差异沉降明显增加。由图 4-7h 可以看出,在方案 7 的基础上减小塔楼下所布桩的桩间距,对于桩筏基础减沉和差异沉降的改善影响并不显著。

图 4-8 为不同设置方案下的桩筏基础中桩基沉降云图。

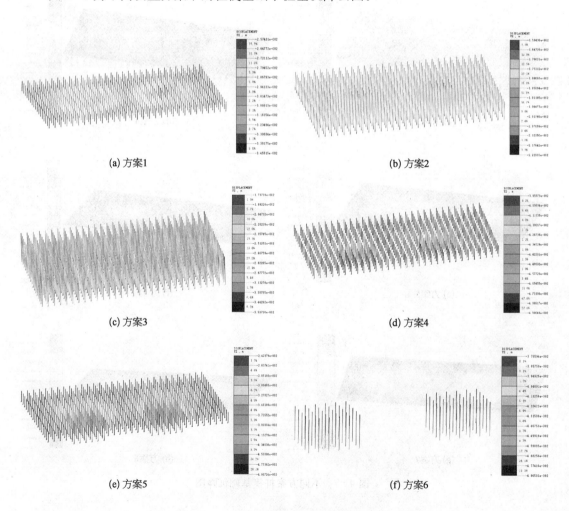

(a) 方案1

(b) 方案2

(c) 方案3

(d) 方案4

(e) 方案5

(f) 方案6

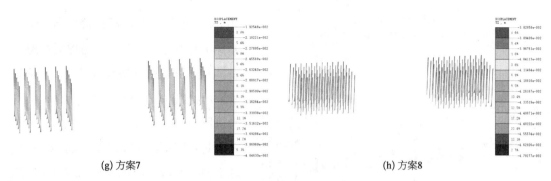

(g) 方案7　　　　　　　　　　　　　　　(h) 方案8

图 4-8　不同方案下桩基沉降图

从八幅图中可以看到,桩基沉降位移呈现桩顶沉降大,桩端沉降小的特点。由图 4-8a 可以得出,塔楼下部的桩基桩顶沉降要明显大于地下室下桩基的桩顶沉降,这是因为塔楼和地下室的荷载差异较大。由图 4-8b 可以得出,增大桩长后,塔楼下部的桩基桩顶沉降与地下室下桩基的桩顶沉降差异较方案 1 明显减小。由图 4-8c 可以得出,继续增大桩长后,塔楼下部的桩基桩顶沉降与地下室下桩基的桩顶沉降差异进一步减小,桩机整体沉降也明显减小,但用桩量太大,工程上来说不经济。由图 4-8d~h 可以得出,不同优化方案下,桩基沉降差别还是较为明显的,布置于外侧的桩桩顶沉降大于布置于内侧的桩桩顶沉降。

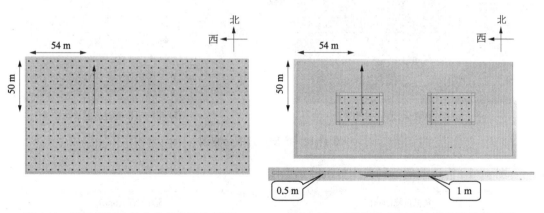

图 4-9　等厚筏板时 $Z$ 向位移选取位置图　　　图 4-10　不等厚度筏板 $Z$ 向位移选取位置图

图 4-11 为表 4-4 的不同设置的桩筏基础方案筏板沉降图。

由图得知:均匀布桩 10 m 时,塔楼下筏板沉降达到了 57 mm 左右,而筏板边缘沉降仅为 46 mm 左右,筏板出现了塔楼下沉降大,四周小的特点,即"碟形沉降"。增大桩长至20 m、30 m 后,塔楼下筏板沉降减小至 42 mm、30 mm 左右,筏板边缘沉降减小至 42 mm、27 mm 左右,筏板整体沉降及"碟形沉降"明显减小,但用桩量显著增加。减少地下室筏板下用桩量,塔楼下筏板沉降增加至 45 mm,地下室下筏板沉降增加至 47 mm,塔楼下筏板与地下室下筏板差异沉降并不明显。考虑仅在塔楼筏板下布桩,此时塔楼下筏板沉降为

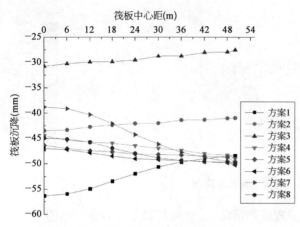

图 4-11　不同方案筏板沉降图

46 mm,地下室下筏板沉降为 48 mm,差异沉降并不大。进一步考虑减小地下室筏板厚度,此时塔楼下筏板沉降为 47 mm,地下室下筏板沉降为 49 mm,差异沉降并不大。若在此基础上继续加大桩长,塔楼下筏板沉降有所减小,与地下室下筏板之间的差异沉降增加,减小桩间距则对筏板整体沉降及差异沉降影响不明显。

由于本工程桩数较多,为简化研究桩基沉降规律,分别提取四种不同方案中角桩、边桩、内桩三种典型桩的沉降数值,进行方案之间横向和方案内纵向对比。典型桩沉降数值均选取为自桩顶至桩端每 2 m 作为一个沉降数值提取点,具体选取典型桩的位置如图 4-12 所示。

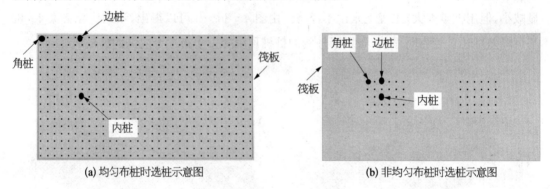

(a) 均匀布桩时选桩示意图　　　　(b) 非均匀布桩时选桩示意图

图 4-12　典型桩选取示意图

图 4-13 为选取的三种典型桩沉降示意图。

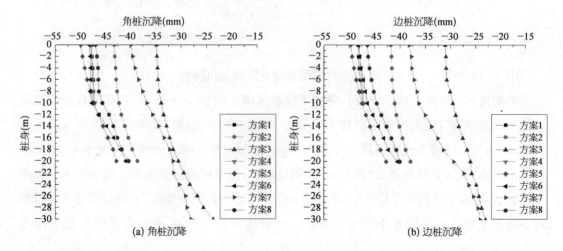

(a) 角桩沉降　　　　　　　　　(b) 边桩沉降

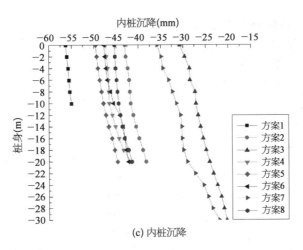

(c) 内桩沉降

图 4-13　典型桩沉降图

由图得知：桩长、桩间距的改变及筏板厚度的不同影响桩基沉降。均匀布桩且桩长较小时，角桩、边桩、内桩之间的差异沉降较大；增大桩长后，三种典型桩减沉效果明显；采取塔楼筏板下局部增大桩长与抽去地下室筏板下桩的方案后，将三种典型桩对整体减沉贡献发挥到最佳水平，同时三种桩之间的差异沉降也达到了理想值。改变桩间距对桩减沉的影响并不显著。

图 4-14 为不同方案内典型桩对比图。

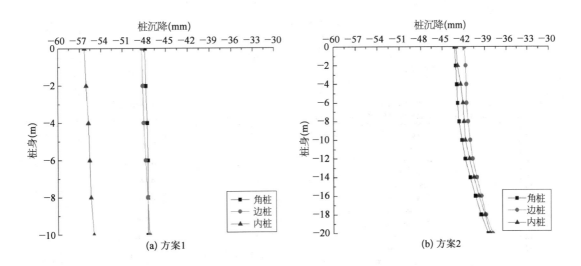

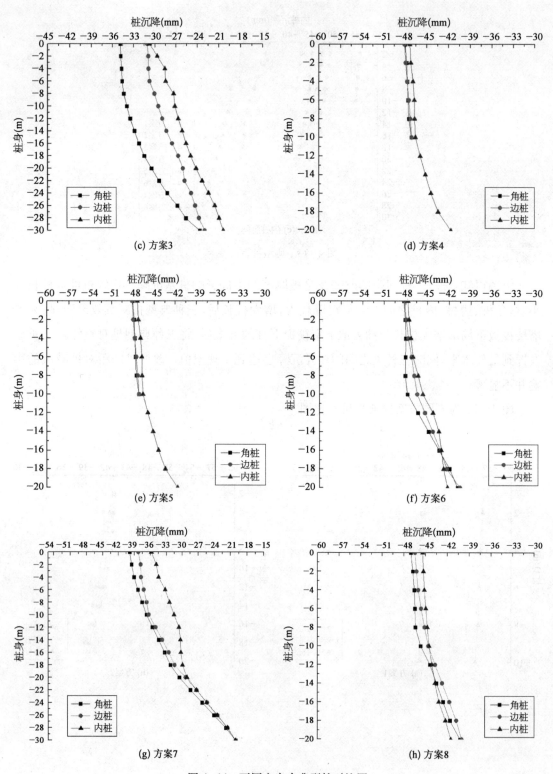

图4-14 不同方案内典型桩对比图

由图 4-14a 可以看出,均匀布桩 10 m 时,桩基整体沉降较大,内桩的最大沉降值达到了 57 mm,边桩和内桩的最大沉降达到 48 mm 左右,由此可以看出,内桩对桩基的贡献最大,角桩、边桩对桩基的贡献较小。由图 4-14b 可以看出,增大桩长至 20 m 时,三种典型桩的最大沉降值接近,三种典型桩之间的差异沉降很小,因此三种桩对桩基整体沉降的贡献基本相当。由图 4-14c 可以看出,继续增大桩长至 30 m 时,桩基沉降减小明显,内桩、边桩、角桩之间的差异沉降较方案 2 时增大 5 mm 左右。由图 4-14d 可以看出,减小地下室筏板下桩长后,内桩、边桩、角桩整体沉降有所增大,增加大约 8 mm,但三者之间的差异沉降减小。由图 4-14e 可以看出,抽去地下室筏板下所布桩后,角桩、边桩、内桩的整体沉降以及差异沉降并无增大,因此去掉地下室筏板下所布桩的方法是可行的。由图 4-14f 可以看出,减小地下室下筏板厚度后,桩基整体沉降增幅很小,大约 2 mm,角桩、边桩、内桩之间的差异沉降也并不明显,因此减小地下室下筏板厚度对桩基沉降影响不明显。由图 4-14g 可以看出,在方案 6 的基础上增大塔楼筏板下桩长,桩基整体沉降减小,角桩、边桩、内桩之间的差异沉降在自桩顶以下 20 m 范围内较大,20 m 至 30 m 深度范围内差异几乎很小。由图 4-14h 可以看出,将桩间距从 6 m 减小至 3 m 时,桩基整体沉降减小并不明显,差异沉降也在可控范围内。

### 4.3.2　桩基内力分析

在桩筏基础设计中,在考虑控制沉降的同时也应当将桩基内力作为设计指标的重要部分。因此,以下分析将针对不同方案内桩基内力进行分析。

图 4-15 为不同桩筏基础方案下桩基 Y 方向弯矩图。

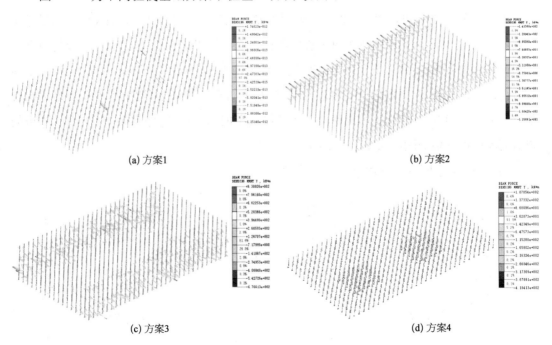

(a) 方案1　　　　　　　　　　　　　　　　(b) 方案2

(c) 方案3　　　　　　　　　　　　　　　　(d) 方案4

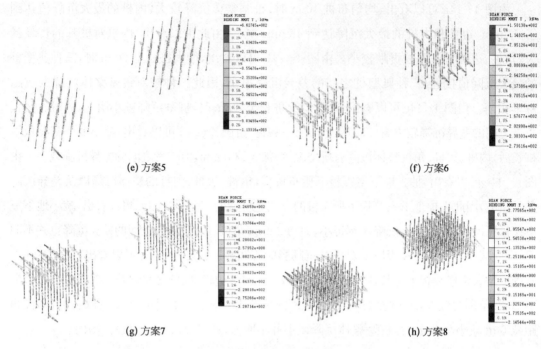

(e) 方案5          (f) 方案6

(g) 方案7          (h) 方案8

图 4-15　不同方案桩基 Y 方向弯矩图

由图 4-15a 可以得出，均匀布桩桩长为 10 m 时，桩基 Y 向弯矩较小，这是因为此时桩基竖向沉降过大，桩基在 Y 方向无法产生较大弯矩。由图 4-15b 可以得出，加大筏板下桩长后，Y 方向弯矩在布置于外侧的桩基比较明显，同时塔楼下桩基在 Y 方向也出现了较大的弯矩。由图 4-15c 可以得出，加大筏板下所布桩的长度至 30 m 时，塔楼筏板下的桩基 Y 方向弯矩值基本很小，Y 方向弯矩值主要出现在布置与外侧的桩基，这是因为塔楼与地下室之间荷载差异较大，导致地下室在 Y 方向向塔楼方向变形。由图 4-15d 可以得出，减小地下室筏板下桩长至 10 m 时，地下室筏板下的桩基 Y 方向弯矩减小，弯矩集中在塔楼下的桩基上。由图 4-15e～h 可以得出，布桩在塔楼筏板下时，Y 方向弯矩出现桩基外侧，弯矩的绝对值因桩筏基础的刚度的变化而不同。

图 4-16 为不同方案下桩基 Z 向轴力图。

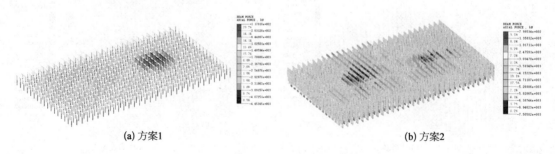

(a) 方案1          (b) 方案2

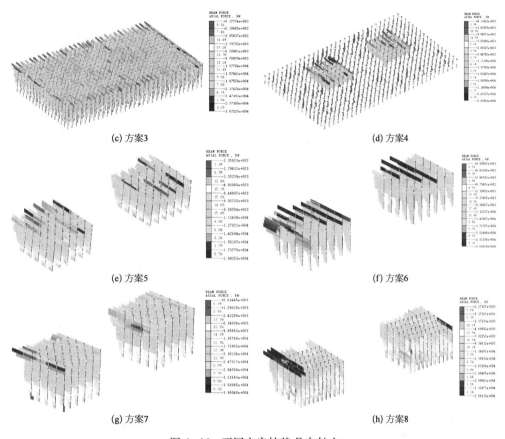

(c) 方案3　　　　　　　　　　　　　　　　　(d) 方案4

(e) 方案5　　　　　　　　　　　　　　　　　(f) 方案6

(g) 方案7　　　　　　　　　　　　　　　　　(h) 方案8

图 4-16　不同方案桩基 Z 向轴力

由图可以得知,桩轴力自桩顶至桩端逐渐减小,不同的布桩方式导致桩顶和桩端轴力的绝对值不同。减少桩基的数量,导致桩顶轴力的增加,因此桩基轴力在设计中也是考虑的一个重点内容。

图 4-17 为不同桩筏基础布置方案下上部结构弯矩图。

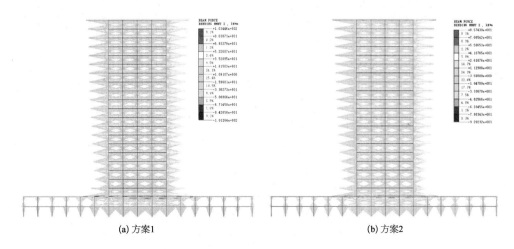

(a) 方案1　　　　　　　　　　　　　　　　　(b) 方案2

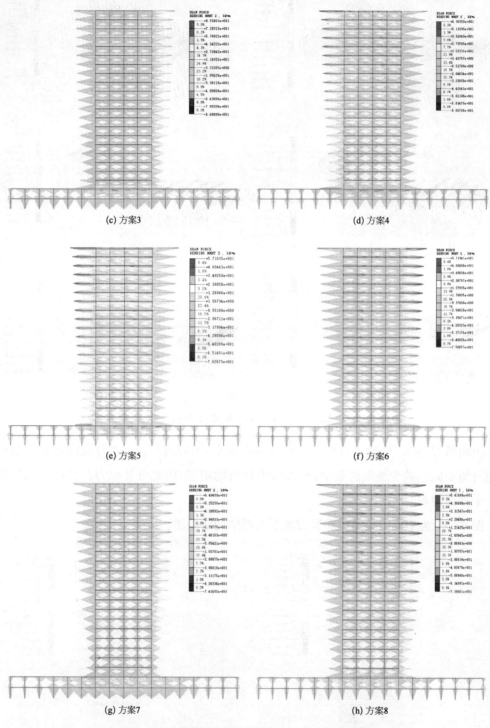

(c) 方案3

(d) 方案4

(e) 方案5

(f) 方案6

(g) 方案7

(h) 方案8

图 4-17  不同桩筏基础布置方案上部结构弯矩图

　　由图 4−17a～c 可以得出,随着桩长的不断增加,上部结构特别是与塔楼相接触部分的地下室的弯矩绝对值逐渐减小,弯矩形态并没有发生改变。由图 4−17d～f 可以得出,随着在地下室筏板逐渐减少桩数甚至不布桩,对上部结构弯矩特别是与塔楼相接触部分的地下室的弯矩形态发生较大改变,而弯矩绝对值也相应地发生改变。由图 4−17g 可以得出,继续增大塔楼筏板下桩长,塔楼与地下室相接触的部分弯矩绝对值数量减小,弯矩形态同方案 1～方案 3 相同。由图 4−17h 可以得出,减小塔楼筏板下所布桩的桩间距后,弯矩形态同方案 4～方案 6 相同,弯矩绝对值有所减小。

　　通过分析结构形式为纯框架结构的大底盘多塔楼桩筏基础的优化设计可以得知,在桩筏基础设计中,应充分考虑上部结构荷载分布对桩筏基础的影响,荷载分布集中和较大的部位应着重考虑增大基础刚度,荷载分布较为分散或荷载较小的部位可以考虑一定程度减少基础刚度。在增大基础刚度方面,增加桩长是最有效的途径和方法,减小筏板厚度和改变桩间距对基础减沉影响不明显。

# 第 5 章

## 工 程 实 例

本章以上海市奉贤区南桥新城项目为工程实例,通过 Midas GTS 对其整体结构进行模拟建模,经过三维有限元模拟后,与设计资料给出的有关桩筏基础沉降数据进行对比分析,验证该项目有关桩筏基础设计的合理性,并做出该项目建筑结构其他构件变形和受力分析。

## 5.1 项目概况

### 5.1.1 结构设计方案

本项目用地分为北地块 12A-02A、南地块 13A-01A。其中北地块 12A-02A 规划两栋五层商业建筑和两栋裙房四层、主楼十三层的商业办公建筑,此商业办公建筑的 1~4 层为商业建筑,5~13 层为办公建筑;其办公建筑面积为 12 126 m²、商业建筑面积为 22 172 m²、文化建筑面积为 4 948 m²。南地块 13A-01A 规划一栋四层商业建筑和一栋裙房为三层、主楼十三层的商业办公建筑,其办公建筑面积为 7 497 m²、商业建筑面积为 4 948 m²、文化建筑面积为 2 549 m²。南北地块各单体建筑裙房部分均设连桥相连。

项目南北地块地下室连通整体设计二层地下室,地下总建筑面积 45 440 m²。本工程地上部分设置多道抗震缝将塔楼和商业裙房分成若干单体,各单体均嵌固于地下室顶板。各单体建筑物概况见表 5-1。

表 5-1 单体建筑物概况

| 地　块 | 单　体 | | 结构体系 | 结构高度(m) | 楼层数 | 基础埋深 |
|---|---|---|---|---|---|---|
| 12A-02A | 商业办公楼 | 高层 | 框架-剪力墙 | 56.1 | 地上十三层,地下二层 | 约 11.2 m |
| | 商业裙房 | 高层 | 框　架 | 28.6 | 地上五层,地下二层 | 约 10.8 m |
| 13A-01A | 商业办公楼 | 高层 | 框架-剪力墙 | 56.1 | 地上十三层,地下二层 | 约 11.2 m |
| | 商业裙房 | 多层 | 框　架 | 20.1 | 地上四层,地下二层 | 约 10.8 m |

1) 设计依据

| 《工程结构可靠性设计统一标准》 | (GB 50153—2008) |
|---|---|
| 《建筑结构可靠度设计统一标准》 | (GB 50068—2001) |
| 《建筑工程抗震设防分类标准》 | (GB 50223—2008) |
| 《建筑结构荷载规范》 | (GB 50009—2012) |
| 《混凝土结构设计规范》 | (GB 50010—2010) |
| 《建筑抗震设计规范》 | (GB 50011—2010) |

《高层建筑混凝土结构技术规程》　　　　　　（JGJ 3—2010）

《砌体结构设计规范》　　　　　　　　　　　（GB 50003—2011）

《钢结构设计规范》　　　　　　　　　　　　（GB 50017—2003）

《建筑地基基础设计规范》　　　　　　　　　（GB 50007—2011）

《建筑桩基技术规范》　　　　　　　　　　　（JGJ 94—2008）

《建筑地基处理技术规范》　　　　　　　　　（JGJ 79—2012）

《建筑地基基础工程施工质量验收规范》　　　（GB 50202—2002）

《混凝土结构工程施工质量验收规范》　　　　（GB 50204—2015）

《地下工程防水技术规范》　　　　　　　　　（GB 50108—2008）

《建筑抗震设计规程》（上海市标准）　　　　（DGJ 08—9—2013）

《地基基础设计规范》（上海市标准）　　　　（DGJ 08—11—2010）

《地基处理技术规范》（上海市标准）　　　　（DG/TJ 08—40—2010）

《人民防空地下室设计规范》　　　　　　　　（GB 50038—2005）

《上海市超限高层建筑抗震设防管理实施细则》　沪建管(2014)954 号

2) 设计参数和荷载取值

(1) 建筑抗震设防类别：12A-02A 地块四层及以下为重点设防类,其余均为标准设防类。

(2) 建筑结构安全等级：二级。

(3) 抗震设防：7 度,设计基本地震加速度为 0.10 g,设计地震分组第一组。

(4) 场地类别：IV 类;特征周期 0.9 s;地面粗糙类别：B 类。

(5) 地基基础设计等级：甲级;桩基设计等级：甲级。

(6) 设计使用年限：50 年

(7) 楼面活荷载标准值如下：

商业　　　　　　　　4.0 kN/m²

办公　　　　　　　　2.5 kN/m²

电影院　　　　　　　4.0 kN/m²

厨房　　　　　　　　4.5 kN/m²

餐饮　　　　　　　　4.0 kN/m²

超市　　　　　　　　5.0 kN/m²

超市仓储区域　　　　8.0 kN/m²

走廊、门厅　　　　　3.5 kN/m²

楼梯　　　　　　　　3.5 kN/m²

| 卫生间 | 2.5 kN/ m² |
|---|---|
| 设备用房、机房 | 7.0 kN/ m² |
| 车库 | 4.0 kN/ m² |
| 上人屋面 | 2.0 kN/ m² |
| 不上人屋面 | 0.5 kN/ m² |
| 钢筋混凝土重度 | 27 kN/ m³ |
| 填充墙 | ≤8.5 kN/ m³ |
| 基本风压 | 0.55 kN/m² |
| 基本雪压 | 0.20 kN/m² |

### 5.1.2 结构体系及抗震等级

1) 上部结构分缝

本工程 12A-02A 地块拟在塔楼边跨设双柱,使塔楼与裙房间设抗震缝脱开。

2) 上部结构形式及抗震等级

表 5-2  建筑抗震等级设置

| 地 块 | 单 体 | 结构体系 | 抗震等级 |
|---|---|---|---|
| 12A-02A | 商业办公楼 | 框架-剪力墙 | 四层及以下框架二级、剪力墙一级 四层及以上框架三级、剪力墙二级 |
| | 商业裙房 | 框 架 | 框架一级 |
| 13A-01A | 商业办公楼 | 框架-剪力墙 | 框架三级、剪力墙二级 |
| | 商业裙房 | 框 架 | 框架三级 |

注:地下一层结构在主楼相关范围以内,抗震等级同主楼;主楼相关范围以外结构抗震等级取三级。

3) 基础形式

商业办公楼区域基础形式采用钻孔灌注桩加筏板基础,商业裙房基础形式采用柱下承台加筏板基础,纯地库区域基础形式采用抗拔桩加筏板基础。桩型及基础尺寸待提供正式地勘报告后确认。

4) 结构不规则性

因建筑平面布置要求及立面进退的造型关系,结构存在平面及竖向的不规则性,将依据沪建管(2014)954 号文的相关要求进行结构计算及设计,报送抗震专项审查。

5) 南北地块各商业建筑间钢连桥结构形式

南北地块各单体建筑的商业部分均设连桥相连,连桥拟采用钢结构形式,与两侧主体采用一端简支、一端滑移的连接形式。

### 5.1.3　材料选用

1）钢筋

HPB300、HRB400 级钢筋应符合现行国家标准《钢筋混凝土用热轧带肋钢筋》（GB 1499.2-2007）的规定。

2）混凝土和填充墙

墙、柱采用 C30～C50 混凝土，上部结构梁板采用 C30 混凝土；基础及地下室外墙、顶板与土体接触的结构构件采用 C35 混凝土，垫层为 C15 素混凝土。与土体直接接触的结构构件，除地下 10 m 以下混凝土抗渗等级均为 P8 外，其余位置混凝土抗渗等级均为 P6。

填充墙：地面以上采用 A5.0 加气混凝土砌块，RM5 混合砂浆砌筑；地面以下采用 MU15 混凝土空心砌块，灌 Cb20 细石混凝土，用 RM10 商品水泥砂浆砌筑。

### 5.1.4　其他说明

（1）本工程地上商业裙房及地下车库平面超长，由于温度及混凝土收缩等因素对结构具有一定影响，地下车库拟采取设置纵横向施工后浇带、加强墙板配筋等措施，以解决混凝土收缩、温度应力等问题。地上超长的商业裙房拟在计算中另考虑温度应力的影响，并采取设置后浇带、加强配筋等构造措施。

（2）商业部分因建筑功能布局，结构楼板形成狭长板带、楼板不连续等对结构抗震不利的区域，拟对楼板应力进行补充分析，并采取加强板厚、加强楼板配筋等措施，以保证水平力的有效传递。

（3）因影院大空间要求存在大跨度及挑空结构，将根据影院净高的要求及经济性等因素综合考虑，对大跨度结构合理选取井格梁结构、预应力结构或其他结构形式。对挑空结构的竖向构件将进行细化分析，并采取构造加强措施。

## 5.2　岩土工程初步勘查报告

### 5.2.1　工程概况

本项目位于奉贤南桥新城的 9 单元，12A-02A、13A-01A 项目地块场地四面临路，东至望园南路、南至南奉公路、北至解放路、西至德政路。拟建场地位置如图 5-1 所示。

图 5-1  项目位置图

### 5.2.2  勘察目的

本工程勘察的主要目的是根据拟建物的性质和特点及按照规范要求初步查明拟建场地的工程地质条件,并进行综合分析与评价,为拟建物的基础设计初步提出地质依据和有关参数,具体需解决的技术问题如下:

(1) 初步查明拟建场地的地形、地貌。

(2) 对拟建场地的稳定性和适宜性进行初步分析评价。

(3) 初步查明拟建场地地面以下 60.0 m 深度范围内地基土的分布规律及工程地质特征,提供各土层的物理力学性质指标,对地基土工程地质条件做出分析与评价。

(4) 初步判定浅层地基土的场地地震效应及判别本场地类别和场地土类型;初步查明地表以下 20 m 深度范围内有无饱和的砂质粉土和砂土层存在。

(5) 初步查明本场区潜水的类型、埋藏条件,并对浅部地下水和土对建筑材料的腐蚀性做出初步评价。

(6) 初步查明本场地承压含水层分布情况,并明确其对基坑稳定性的影响。

(7) 初步查明有无影响工程稳定性的不良地质条件(暗浜、暗塘、人工地下设施及障碍物等),并评价其对基础设计及施工的影响,对注意事项提出建议。

(8) 根据工程性质,对拟采用的桩基方案进行初步分析评价,推荐适宜的桩基持力层、桩长及桩型,初步提供桩基计算参数,估算各种桩型的单桩竖向承载力。初步提供沉降计算参数,在进行技术经济比选的基础上,提供推荐意见。分析沉(成)桩可行性及对周边环境的影响。

(9) 对拟采用天然地基建筑物的天然地基进行初步分析评价,提供天然地基承载力。

### 5.2.3　执行的规范、规程

(1)《地基基础设计规范》　　　　　　　　　　　　(DGJ 08-11-2010)

(2)《建筑抗震设计规程》　　　　　　　　　　　　(DGJ 08-9-2013)

(3)《岩土工程勘察规范》　　　　　　　　　　　　(DGJ 08-37-2012)

(4)《地基处理技术规范》　　　　　　　　　　　　(DG/TJ 08-40-2010)

(5)《基坑工程设计规范》　　　　　　　　　　　　(DG/TJ 08-61-2010)

(6)《静力触探技术规程》　　　　　　　　　　　　(DG/TJ 08-2189-2015)

(7)《岩土工程勘察文件编制深度规定》　　　　　　(DG/TJ 08-72-2012)

(8)《岩土工程勘察外业操作规程》　　　　　　　　(DG/TJ 08-1001-2013)

(9)《建筑地基基础设计规范》　　　　　　　　　　(GB 50007-2011)

(10)《岩土工程勘察规范》　　　　　　　　　　　　(GB 50021-2001,2009 年版)

(11)《建筑抗震设计规范》　　　　　　　　　　　　(GB 50011-2010)

(12)《土工试验方法标准》　　　　　　　　　　　　(GB/T 50123-1999)

(13)《工程测量规范》　　　　　　　　　　　　　　(GB 50026-2007)

(14)《岩土工程勘察安全规范》　　　　　　　　　　(GB 50585-2010)

(15)《建筑工程地质勘探与取样技术规程》　　　　　(JGJ 87-2012)

(16)《建筑桩基技术规范》　　　　　　　　　　　　(JGJ 94-2008)

(17)《静力触探技术标准》　　　　　　　　　　　　(CECS 04:88)

(18)《软土地区岩土工程勘察规程》　　　　　　　　(JGJ 83-2011)

(19)《建筑基坑支护技术规程》　　　　　　　　　　(JGJ 120-2012)

(20)《高层建筑岩土工程勘察规程》　　　　　　　　(JGJ 72-2004)

(21)《房屋建筑和市政基础设施工程勘察文件
　　　编制深度规定》　　　　　　　　　　　　　　(2010 年版)

### 5.2.4　勘察工作量布置

勘察工作方法:本次勘察根据上海市工程建设规范《地基基础设计规范》(DGJ 08-11-2010)及上海市《岩土工程勘察规范》(DGJ 08-37-2012)有关条款,结合拟建物性质及体形确定其工作量,并根据现场施工条件布置勘探点。勘察采用钻探、取样、标准贯入、单桥静力触探及室内土工试验,对拟建物场地进行综合性勘察。布孔原则:根据《岩土工程勘察规范》(DGJ 08-37-2012)的规定,整场地按网格状布置均匀勘探孔,勘探孔间距为 100～200 m;勘探孔编号格式取土孔为 B、静探孔为 C。由于本次勘察为初步勘察,故本次取土孔和静探孔在编号前加字母"C"表示初步勘察。剖面孔编号以数字表示,前加字母"CK"表示初步勘察。

### 5.2.5　取土方法和原位测试方法

(1) 本工程钻孔孔径为 $\phi 120$ mm,采用无锡 30 型钻机。取土方法采用压入法或重锤少击法取土,根据土层性质,采用不同取土器以满足物理力学性质试验的土样要求。遇砂类土层采用泥浆护壁钻进,每次进尺不超过 2.0 m,适当加密取样鉴别,进行土性描述,保证分层精度。

(2) 静力触探孔采用 CTS-1 型静力触探机及 LMC-D310 自动记录仪,单桥触探头截面积为 15 $cm^2$,试验前对探头进行率定,探头编号分别为 3173,探头率定系数分别为 4.976 $kPa/m^2$,归零误差小于 $\pm(0.5\%～1.0\%)$。

(3) 标准贯入试验,采用 63.5 kg 穿心锤,自动落锤落距 76 cm,预打 15 cm,然后每打 10 cm 记录锤击次数,最后以 30 cm 的锤击数累计。

### 5.2.6　地形地貌

本项目场地内现为荒地,地面标高为 3.80～4.53 m。根据收集到的地质勘察资料,并结合《岩土工程勘察规范》(DGJ 08-37-2012)中附图 A,拟建场区属于上海地区"滨海平原"地貌类型。场地现状如图 5-2 所示。

(a) 场地西北侧

(b) 场地东侧荒地

(c) 场地南侧荒地　　　　　　　　　　　　　(d) 场地西侧荒地

图 5-2　场地四周照片

### 5.2.7　场地周边环境

拟建场地东侧距望园南路约 17.0 m;南侧距南奉公路约 18.0 m;西侧距离德政(规划)约 6.0 m,西侧现为馨雅名邸项目在建工地;北侧距离解放东路约 35.0 m。望园南路、南奉公路及解放东路旁存在大量市政管线,拟建场地所处地理位置较为敏感,工程建设时需注意对已有建筑、道路及管线的保护,场地周边环境如图 5-3 所示。

### 5.2.8　地基土的构成及特征

本次勘察自地表至 60.0 m 深度范围内所揭露的土层,主要由软弱黏性土、粉土及砂土组成,具有成层分布的特点。根据现场对土的鉴别、原位测试及室内土工试验成果综合分

(a) 东侧望园南路　　　　　　　　　　　　　(b) 南侧南奉公路

(c) 西侧馨雅名邸项目　　　　　　　　　　　　　　(d) 北侧解放东路

图 5-3　场地周边环境

析,本基地的土层可分为 8 层,其中①、③及⑦又可分若干亚层。

### 5.2.9　地基土物理力学性指标

本勘察报告提供的土层物理力学性质指标是在综合现场钻探及室内试验的基础上,经分层统计分析提供土层物理力学指标平均值、子样数、均方差及变异系数汇总于《土层物理力学性质参数表》,表中各土层直剪固结快剪指标 $c$、$\varphi$ 值为峰值平均值。平均值除最小平均值 $Ps$ 外,均为算术平均值,标准贯入击数为实测值。

### 5.2.10　地基土分析

本场区地基土属软弱场地土,本次勘察揭露深度范围内主要由一套中压缩性和高压缩性土组成。

(1) 第①层填土,根据土性的差异,表层填土根据土性的差异可分为第①₁层杂填土及第①₂层素填土。

第①₁层杂填土:场地北侧表层存在厚约 0.15 m 的水泥地坪(局部有大量建筑垃圾),地坪以下,以黏性土为主,混杂大量石子等,状态较松散;场地南侧以黏性土为主混杂石子等建筑垃圾,局部表层以碎石等建筑垃圾为主。

第①₂层素填土:场地遍布。灰黄～灰色,以黏性土为主,局部混杂植物根系,状态较松散。

(2) 第②层褐黄～灰黄色粉质黏土,场地遍布层底标高 1.91～1.13 m,厚度 1.10～2.70 m,很湿,软塑～可塑,中等压缩性土,上海地区俗称"硬壳层",该层具有上硬下软的特性。

(3) 第③层灰色淤泥质粉质黏土,场地遍布,层底标高－3.79～－4.90 m,厚度 3.60～5.40 m,饱和,流塑,高压缩性土层。具有含水量高、孔隙比大、压缩模量小等特性的软弱土层,是天然地基引起沉降的主要土层。该层土质欠均匀,局部夹薄层黏质粉土。该层中部夹有第③$_1$层砂质粉土,该夹层为松散状态,此次初勘勘探孔均有揭露。

(4) 第④层灰色淤泥质黏土,场地遍布,层底标高－7.47～－8.60 m,厚度 3.40～4.40 m,饱和,流塑,高等压缩性土,土质不均匀,夹薄层砂土或粉土,局部为灰色黏土。该层土和第③层为具有含水量高、孔隙比大、压缩模量小等特性的软弱土层,属高压缩性土,是天然地基引起沉降的主要土层。

(5) 第⑤层灰色黏土,场地遍布,层底标高－19.63～－20.70 m,厚度 11.80～12.40 m,很湿,软塑,高压缩性土层。

(6) 第⑥层暗绿～草黄色粉质黏土,场地遍布,层底标高－22.63～－23.70 m,厚度 2.80～3.80 m,稍湿,硬塑,物理力学性质较好,中等压缩性土。

(7) 本场地沉积有厚度较大的第⑦层土,根据土性及物理力学性质的差异,可分为 3 个亚层:

第⑦$_1$层草黄～灰绿色砂质粉土,场地遍布,层底标高－26.63～－27.65 m,厚度 3.50～4.40 m,很湿,中密状态,平均标贯击数为 26.5 击,$Ps$ 值为 10.57 MPa,中等压缩性土。

第⑦$_2$层灰黄色粉砂,场地遍布,层底标高－54.23～－58.20 m,厚度 12.80～18.00 m,饱和,密实状态,平均标贯击数为 46.6 击,$Ps$ 值为 20.9 MPa,中等～低等压缩性土。

第⑦$_3$层灰色粉砂,2 只 60.0 m 钻孔揭露,层底标高－46.67～－46.63 m,厚度 19.60～20.00 m,饱和,密实状态,平均标贯击数为 62.0 击,中等～低等压缩性土。

(8) 第⑧层灰色粉质黏土,2 只 60.0 m 钻孔揭露,至 60.0 m 未钻穿,很湿,可塑,夹薄层粉土。

### 5.2.11 天然地基

1) 天然地基持力层和地基承载力

本场地浅层分布有第②层褐黄～灰黄色粉质黏土层,其层面埋深一般 1.0 m 左右,土性较好,上海俗称"硬壳层"。本工程基坑范围外如有门卫、垃圾房等轻型辅助建筑,可考虑选用该层作为天然地基持力层。按条形基础宽度 1.5 m,基础埋深 1.0 m,地下水位 0.5 m,考虑软弱下卧层影响,根据《地基基础设计规范》(DGJ 08－11－2010)地基承载力设计值进行计算,建议地基承载力设计值 $f_d$＝80 kPa。由于第②$_1$层具有上硬下软的特点,且下卧层软弱,基础宜尽量浅埋于第②$_1$层的层面。当采用特征值设计时,根据工程经验和原位测试成果,按照《地基基础设计规范》(DGJ 08-11-2010)地基承载力设计值进行计算。设计须按拟建筑物上部荷重、基础形式、尺寸、埋深、拟建物下土层情况等确切条件重新计算。

2) 沉降估算参数

天然地基沉降估算各土层的压缩模量 $E_s$ 可取 0.1～0.2 MPa 段的值。

### 5.2.12　桩基

1) 桩基持力层

(1) 多层及高层建筑下部土层条件。

① 办公塔楼下部土层条件:

第⑥层以上的土层,由于其埋深较浅或土层物理力学性质较差,难以取得较高的单桩竖向承载力,均不宜选作本工程的桩基持力层。

第⑥层暗绿～灰绿色粉质黏土,硬塑状态,中等压缩性。该层物理力学性质较好,但埋深较浅,无法提供足够的有效桩长,不适合作为拟建商办综合楼的桩基持力层。

第⑦₁层草黄～灰绿色砂质粉土,呈中密状态,中等压缩性土,分布稳定,该层物理力学性质较好,但埋深较浅,无法提供足够的有效桩长,不适合作为拟建办公塔楼的桩基持力层,本报告中对第⑦₁层作为桩基承载力进行估算,供设计必选,桩端入土 29.4 m 左右,可选用 400 mm×400 mm 的预制方桩或 $\phi$400～500 mm 的 PHC 桩。

第⑦₂层灰黄色粉砂,饱和,密实,平均标贯击数 46.6 击,$Ps$ 值 20.9 MPa,中等～低等压缩性土,土的各项物理力学性质均较好,可提供较高的单桩承载力及减少建筑沉降量,拟建办公塔楼可选用该层作为桩基持力层。采用预制桩方案时,可选择⑦₂层顶部作为桩基持力层时,端入土 32.4 m 左右,可选用 $\phi$500 mm 的 PHC 桩;选用钻孔灌注桩时,此时桩端可进入该层中下部,桩端入土 40.4～45.4 m,可选用 $\phi$650～700 mm 的钻孔灌注桩。

② 商业裙房下部土层条件:

第⑥层暗绿～灰绿色粉质黏土,硬塑状态,中等压缩性。该层物理力学性质较好,可作为拟建商业裙房的桩基持力层。此时桩端入土约 25.8 m,可选用 350 mm×350 mm 的预制方桩或 $\phi$400 mm 的 PHC 桩,但需考虑与办公塔楼的沉降差异协调问题。

第⑦₁层草黄～灰绿色砂质粉土,呈中密状态,中等压缩性土,分布稳定,该层物理力学性质较好,可作为拟建商业裙房的桩基持力层。此时桩端入土 29.8 m 左右,可选用 400 mm×400 mm 的预制方桩或 $\phi$400 mm 的 PHC 桩。

第⑦₂层灰黄色粉砂,密实状态,若选用该层顶部作为桩基持力层,桩端入土 32.8 m 左右,可选用 $\phi$500 mm 的 PHC 桩。如选用该层中部作为桩基持力层时,需选用钻孔灌注桩,此时桩端入土约 40.8 m,桩型可选用 $\phi 600 \sim 650$ mm 的钻孔灌注桩。

(2) 地下室。部分区域地下室上部无建筑结构,根据上海市工程经验,地下室基础底板的地下水浮力大于上覆荷重,需考虑设置抗拔桩,宜采用柱下桩基方案(采用柱下桩基可适当减少底板厚度,较为经济合理)。考虑到底板在拟建物周边部位受力相差悬殊,对基础底板产生一定的挠度,设计时应引起重视;同时考虑柱网尺寸的特点,根据同类工程经验,抗拔桩宜适当加长,以充分发挥土侧摩阻力,提高单桩抗拔力,并协调拟建物沉降。根据本工程土层分布特点,地下室抗拔桩桩端可进入第⑥、⑦$_1$ 及⑦$_2$ 层。抗拔桩进入第⑥层暗绿～灰绿色粉质黏土时,桩端入土约 25.8 m,可选用 350 mm×350 mm 的预制桩;进入第⑦$_1$ 层草黄～灰绿色砂质粉土时,桩端入土 29.8 m 左右,可选用 400 mm×400 mm 的预制方桩;进入第⑦$_2$ 层灰黄色粉砂时,桩端入土深度为 32.8～40.8 m,可选用 $\phi 600 \sim 650$ mm 的钻孔灌注桩。

2) 桩型选择

本工程桩型可选用预制桩或钻孔灌注桩。预制桩桩身质量可靠,沉桩施工时质量控制点、隐蔽验收环节相对较少,质量更能控制,单方混凝土承载力高,工程造价更经济,工期短等优点,因此从施工条件和经济条件考虑,宜选择预制桩。但预制桩施工会产生挤土效应,在保证桩身结构强度和施工能力,并采取一定的施工和防护措施(根据需要,如采用预钻孔、袋装砂井、塑料排水板、开挖防挤沟等)的前提下可虑采用预制桩。

确定可行方案包括方案的提出和筛选,进行人为的桩型初选是必要的,通常采用专家讨论评判的方法,这就需要由几个具有丰富工程经验的设计或施工部门负责人员组成一个决策小组,先依据经验提出几种可行方案,再根据现场实际情况经过讨论将不可行的或太敏感的方案删去,最后筛选确定出几个可行方案。在方案筛选时主要依据以下几个方面考虑。

(1) 从地质条件考虑:桩型的选择要求所选桩型在该地质条件下是可以施工的,施工质量可以保证,且能够最大限度地发挥地基和桩身的潜在能力,在既定的地质条件下能满足上部结构的承载力和沉降的要求,如果所选桩型不适用于工程场地条件,则会造成施工困难,延误工期,带来质量安全隐患及经济损失。

(2) 从建筑物结构特点考虑:选择桩型必须考虑所设计建筑物类型、上部结构特点、荷载大小及对变形的要求等因素,例如对于荷载较大的建筑应该尽量选用单桩承载力较高的桩型,避免使用过多的桩数产生挤土效应。一般来说,对于预制小方桩、沉管灌注桩受桩身穿越硬土层能力和机具施工能力的限制,不能提供较大的单桩承载力,仅适用于多层、小高层建筑,而大直径钻孔灌注桩、人工挖孔桩、钢管桩等单桩承载力较高,可以适用于荷载较大的高层建筑。

(3) 从现场的施工条件、环境条件考虑:每一种桩型都需要相应的施工机械设备及特定的施工工艺才能实现。因此,选择桩型时应该根据现场的地质状况及环境条件,尽量选取能够利用现场施工设备与技术达到预定目标、能够保证工程实施顺利进行且成本能够控制在预定的范围之内的桩型。一般对于比较重要的工程而言,通常应首先考虑当地施工与设计经验相对成熟的桩型。另外,在所收集资料的基础上,分析工程实施中将会遇到的施工问题及难点、施工现场条件的制约情况及施工现场影响桩基础工程的环境因素等,要求所选桩型要具有解决问题的能力。

本项目拟建场地处于上海市奉贤区,周围环境较简单,无重要保护道路及建筑,故可优先选用预制桩方案。

3) 沉桩可能性分析

本工程可能涉及的桩基持力层为第⑥、⑦$_1$、⑦$_2$层。

拟建场地第⑥层暗绿色粉质黏土以上以软弱黏性土为主,当选用第⑥为桩基持力层时,预制桩沉桩难度不大。当选用第⑦$_1$层草黄~灰绿色砂质粉土作为桩基持力层时,桩身需穿过一定厚度的可塑~硬塑状态的第⑥层粉质黏土,并进入中密~密实状态的第⑦$_1$层一定深度,在适当提高桩身结构强度和选择相匹配的沉桩设备的情况下,预制桩沉桩是可行的。

当采用第⑦$_2$层灰黄色粉砂作为桩基持力层时,由于需穿过⑥层可塑~硬塑粉质黏土及⑦$_1$层中密状砂质粉土,预制桩沉桩有较大难度,在采取相应的措施(如预成孔等)后,进入第⑦$_{1-2}$顶部沉桩是可行的,此时也可采用桩端标高贯入度双重控制,以避免沉桩困难。但如进入第⑦$_2$层较深,需采用钻孔灌注桩。

当采用钻孔灌注桩工艺时,只要加强管理,成桩应无问题。由于钻孔灌注桩为非挤土桩,除做好桩基自身成桩质量控制、沉渣量控制及泥浆排污工作外,基本不受环境的制约及影响。桩基施工时应防止孔壁坍塌及孔底沉渣过厚等问题出现。应根据钻进地层性质,采取人工造浆,合理控制泥浆比重及成孔速度等措施来保证成孔质量。

4) 表层填土对桩基施工的影响

根据此次勘探结果,拟建场地西北表层厚约 0.10 m 水泥地坪,根据工程经验,施工前需将桩位处混凝土块、砖块、碎石块等建筑垃圾清除,若采用灌注桩时需采用足够长的护筒,以免影响成桩质量。

5) 桩基施工对周围环境的影响

本场地周边环境条件较复杂。预制桩施工会产生挤土效应,需采取一定的施工和防护措施(根据需要,如采用预钻孔、袋装砂井、塑料排水板、开挖防挤沟等)以减少施工时的噪声及桩的挤土效应对周边环境产生的不良影响,并合理安排沉桩顺序、控制沉桩速率、加强监测工作。

（1）合理安排沉桩顺序和流程，在靠近保护一侧处应开挖防震沟和防挤孔，并在需保护的一侧先施工。

（2）桩基施工时，尤其是必须严格控制沉桩速率，加强监测工作，做到信息化施工，按照监测数据及时控制和调整沉桩速率。

（3）建议设置袋装砂井或塑料排水板，以消除部分超孔隙水压力，减少挤土效应，局部采用预钻孔沉桩。

当上述措施经论证仍无法控制对周围环境的影响时，则可采用钻孔灌注桩。由于钻孔灌注桩为非挤土桩，对周围环境影响较小，但施工期间会产生大量泥浆，为防止废弃泥浆对环境的污染或堵塞附近下水管道，施工中应加强管理，合理布置泥浆循环系统，严禁乱排乱放，做到文明施工。

### 5.2.13　基坑工程

1）基坑围护方案

根据《基坑工程技术规范》(DGJ 08-61-2010)第 3.0.1 条，本工程基坑为地下二层，埋深 10.8～11.4 m，属于二级基坑。根据周边环境条件，本工程基坑环境保护等级为三级。

在基坑开挖深度范围内的土层有①₁、①₂、②、③、③₁、④层土。基坑开挖时由于土体原有平衡被破坏，土体易产生侧向位移，拟建场地基坑开挖范围内分布有第③层饱和灰色淤泥质粉质黏土层及④层淤泥质黏土，该类土土质软弱，灵敏度高，基坑开挖时易产生蠕变现象；同时第③₁层为饱和粉性土层，该层在振动作用下可能产生液化，基坑开挖时，在水头差的作用下，易产生管涌及流砂现象，故需采取适当的挡土、隔水等围护措施，并同时在开挖时采取降水措施，保证基坑的安全。基坑方案的采取必须兼顾上述各种因素，特别是须严格控制基坑与地下室施工过程中产生的变形量，把对周边管线、建筑等的影响降低到最低程度。

2）围护方案分析

本工程可能采用的围护方案分析如下。

（1）地下连续墙方案：分临时性围护结构地下连续墙和"两墙合一"地下连续墙。上海地区对于二级基坑的传统围护形式是采用地下连续墙结构。根据上海地区的工程实践经验和技术水平，采用"两墙合一"形式，即地下连续墙既作为基坑围护结构，同时也作为永久性地下室外墙，技术已较成熟。关键是对基坑面积、质量要求、造价和施工进度的综合考虑选用。按照上海地区的成功经验，地下连续墙的插入比一般在(1：0.9)～(1：1.1)。具体的深度和厚度应结合土层资料、支撑系统的设置、变形控制要求和土方及地下室施工方式等通过计算确定。

（2）钻孔灌注桩排桩加三轴搅拌桩方案：本方案用大直径钻孔灌注桩排桩作为受力围护结构，考虑到其本身不具有挡水效果，须在外侧施工一道专门的防水墙（桩），一般可采用三轴水泥土搅拌桩作为隔水帷幕墙。

（3）型钢水泥土搅拌墙工法（即 SMW 工法）：本工法较适用于开挖深度不深的基坑，施工工序简单，设备少，占用场地小，所用的型钢可以回收，可减少材料浪费。

3）围护方案比选

（1）SMW 工法刚度较小，基坑开挖深度较大时，一般变形较大，特别是基坑面积大、开挖深，SMW 工法中型钢的租赁时间很长，结合本工程的地理位置和开挖深度，该方案不适宜本工程。

（2）大直径钻孔灌注桩排桩辅以外侧三轴水泥土搅拌桩止水，是上海地区传统的基坑围护结构形式，使用深度随着工程实践的积累已有较大发展，技术较为成熟，本工程可使用。

（3）地下连续墙刚度大，止水效果良好，可以大大减少地下水渗漏问题，同时地下连续墙方案工法成熟、成墙质量可靠、施工风险较小、占用空间较小、对周边环境影响也较小、无噪声，对于本工程深基坑推荐使用。

综上所述，本工程基坑围护体可考虑采用钻孔灌注桩排桩加三轴搅拌桩方案，或其他有经验的围护方案。围护墙埋设深度应通过对坑底土的稳定、抗倾覆、抗管涌等验算项目后确定，同时可设多道支撑。基坑围护具体方案应由基坑围护专项设计单位根据基坑开挖深度、施工工况、地层条件及周边环境等综合确定。

### 5.2.14 基坑开挖注意事项

1）基坑设计时需考虑的因素

（1）地下车库开挖较深，水浮力较大，需设置抗拔桩，解决地下车库抗浮问题。

（2）拟建场地第③层土具有流变性，灵敏度高，基坑开挖时易产生蠕变现象。因此需采用有效的挡土、隔水措施，以保证基坑开挖的安全。

（3）地下水对基坑围护结构的安全与使用具有决定性的作用，降水会形成地面的沉降，在基坑降水时应注意其不利影响，选择合适的降水方案；如果设置止水帷幕，则使围护结构承受很大的水压力，同时增加了渗透变形的危险性，必须提高对设计和施工的要求。

（4）本工程基坑开挖面积较大，设计时应注意加强和保证支撑体系结构的刚度。基坑开挖时坑底不得长期暴露和积水，以保护坑底土不受扰动，防止产生附加沉降；停止降水时宜验算基础的抗浮稳定性。

（5）本工程基坑开挖时，应加强对周围建筑、道路的保护，对基坑围护体系及其影响范围内的管线和邻近建筑物的监测，做到信息化施工，以确保周边建筑的安全和顺利施工。

（6）基坑周围严禁堆载。

2）土方开挖时应注意的问题

（1）施工单位应编制严密的施工组织设计，挖土顺序应严格按施工组织设计进行，不得超挖，开挖面的高差应控制在 1.0 m 以内。

（2）开挖时基坑周边需留土护壁。先施工基坑中心支撑，周边支撑应采用分区、抽条、对称开挖，邻近建筑一侧应留土护壁，最后开挖，尽量缩短基坑无支撑暴露时间。

（3）基坑边不应大量堆载，机械进出口通道应铺设路基箱扩散压力或局部加固地基。地面超载应在设计计算控制范围内。

（4）混凝土垫层应随挖随浇，一般垫层须在见底后尽快浇筑完成。坑内电梯井、集水井等局部落深处应待大面积垫层浇筑完成后向下开挖。

（5）开挖前要进行基坑降水，降水深度控制在坑底或局部落深区以下 0.5～1.0 m。

3）基坑围护设计周边环境的保护措施

本工程基坑最大开挖深度约 11.4 m，围护体变形过大容易造成管线移动、开裂等工程事故。基坑围护设计应从以下几个方面对围护体进行加强，减小基坑施工围护结构变形引起的对等周边环境的影响。

（1）在坑内侧应设置水泥搅拌桩裙边加固，加固范围为坑底以上和坑底以下一定的深度，以减少围护体变形。

（2）围护体外侧应采用可靠的止水帷幕，以防护降水对周边道路及建筑物的影响。为了确保止水效果，建议优先采用地下连续墙挡土隔水。

（3）土方开挖应采用盆式挖土，基坑周边留土护壁。先施工基坑中心支撑，周边支撑应采用分区、分块、抽条、对称开挖，地铁一侧应留土护壁，最后开挖，尽量缩短基坑无支撑暴露时间。

4）基坑信息化施工监测

本基坑工程应根据采用的围护类型、施工方法及环境情况采用相应的监测工作和适宜的防护措施。监测内容有：

（1）市政管线等的位移监测。

（2）周围建筑物的位移监测（倾斜）。

（3）路面及周围土体沉降、位移监测。

（4）围护墙（桩）的位移及深层变形观测（测斜）。

（5）支撑体系、立柱体系变形与内力的测试。

（6）地下水位的观测。

5）基坑围护设计参数

本次初步勘察勘探孔数目有限，故基坑围护设计待详细勘察阶段提供。

### 5.2.15 结论与建议

（1）本项目建筑物等级为二级，地基复杂程度为中等复杂场地，勘察等级为乙级。

（2）本场地为稳定场地，适宜本工程建设。

（3）本场地地基土属软弱场地土类型，建筑场地类别为 IV 类，属建筑抗震一般地段。

本场地抗震设防烈度为 7 度，设计基本地震加速度为 0.10 g，设计地震第一组。本场地地表以下 20.0 m 深度范围内，存在③₁层砂质粉土，按照国家标准《建筑抗震设计规范》（GB 50011-2010）和上海市工程建设规范《岩土工程勘察规范》（DGJ 08-37-2012）的有关规定，本场地第③₁在抗震设防烈度为 7 度时为液化土层，液化指数平均为 1.06，液化强度比平均值为 0.83，液化等级为轻微液化，液化深度为第③₁层全部。故设计时需考虑第③₁层土层液化问题，并采取相应措施。

（4）地下水位埋深可按不利条件分别采用高水位 0.5 m 和低水位 1.5 m。拟建场地周围无污染源，故可推测潜水在干湿交替时对钢筋混凝土结构中的钢筋有微，对钢结构有弱腐蚀性，地基土对混凝土也有微腐蚀性。

（5）根据前述验算，基坑开挖 10.8 m、11.4 m 时，第⑦层承压含水层均不会对基坑产生不利影响。

（6）根据建设单位提供地形图，本场地东侧原存在一明塘，场地中部原有明沟；根据此次勘察，明塘、暗沟现已回填，成为暗塘、暗沟，其分布情况可参见"勘探点平面布置图"和"工程地质剖面图"；其暗塘、暗沟具体分布范围及浅层土分布情况，待详勘阶段予以查明。

（7）本工程基坑范围外如存在门卫、垃圾房等轻型辅助建筑，可考虑选用第②层褐黄～灰黄色粉质黏土层，该层作为天然地基持力层。按条形基础宽度 1.5 m，基础埋深 1.0 m，地下水位 0.5 m，考虑软弱下卧层影响，根据上海市工程建设规范《地基基础设计规范》（DGJ 08-11-2010）地基承载力设计值进行计算，建议地基承载力设计值 $f_d = 80$ kPa。由于第②层具有上硬下软的特点，且下卧层软弱，基础宜尽量浅埋于第②层的层面。

（8）桩基工程。

① 根据拟建建筑物性质及场区地层分析，本工程拟建办公塔楼可选用第⑦₂层灰黄色粉砂作为桩基持力层；选用预制桩方案时，可选择⑦₂层顶部作为桩基持力层时，桩端入土 32.4 m 左右，可选用 $\phi500$ mm 的 PHC 桩桩；选用钻孔灌注桩时，此时桩端可进入该层中下部，桩端入土 40.4～45.4 m，可选用 $\phi650～700$ mm 的钻孔灌注桩。本报告中也对第⑦₁层

桩基承载力进行了估算,供设计比选。

商业裙房可选用第⑥层暗绿～灰绿色粉质黏土作为桩基持力层,桩端入土约 25.8 m,可选用 350 mm×350 mm 的预制方桩或 $\phi$400 mm 的 PHC 桩;第⑦$_1$层草黄～灰绿色砂质粉土,物理力学性质较好,可作为拟建商业裙房的桩基持力层,桩端入土 29.8 m 左右,可选用 400 mm×400 mm 的预制方桩或 $\phi$400～500 mm 的 PHC 桩;选用第⑦$_2$层灰黄色粉砂顶部作为桩基持力层,桩端入土 32.8 m 左右,可选用 $\phi$500 mm 的 PHC 桩;选用⑦$_2$层中部作为桩基持力层时,需选用钻孔灌注桩,此时桩端入土约 40.8 m,桩型可选用 $\phi$600～650 mm 的钻孔灌注桩。

② 本工程地下室局部上部无建筑需考虑设置抗拔桩。抗拔桩桩端可进入第⑥层暗绿～灰绿色粉质黏土,桩端入土约 25.8 m,可选用 350 mm×350 mm 的抗拔预制方桩;抗拔桩也进入第⑦$_1$层草黄～灰绿色砂质粉土,桩端入土 29.8 m 左右,可选用 400 mm×400 mm 的抗拔预制方桩;抗拔桩桩端亦可进入第⑦$_2$层灰黄色粉砂,桩端入土 32.8～40.8 m,桩型可选用 $\phi$600～650 的钻孔灌注桩。

③ 本工程桩基选型及桩端入土深度的选择,请业主方和设计方根据工程的施工经验、规范及设计要求,在进行技术经济综合比较及方案论证后确定。建议结合试成(沉)桩确定设计施工参数,施工时应做好减少对周围环境的影响措施,并加强监测以调整施工方案。

④ 建议通过现场单桩静载荷试验成果综合确定单桩承载力,静载荷试验的休止期应符合规范要求。

⑤ 桩筏基础工程属于综合性的系统工程,如何在保证桩筏基础满足结构安全及方便施工的前提下,同时兼顾工期和成本的因素,是一个优化设计的问题。桩筏基础的优化设计首先是进行桩型的优选,而后才是对选定的桩型进行细部的优化设计计算。随着设备和技术的更新,各式各样的桩型涌现出来,而且一些新的桩型还在不断的发展中,对于一个具体的工程来说,如果桩型选择合理,就能够保证工程实施安全可靠、顺利施工、节约工期,并带来可观的经济效益和社会效益,因此桩基础选型是桩筏基础优化设计中的一个关键问题,应该尽可能选用技术性能好、经济效益高及适用于现场施工条件的桩型。桩型优选实质是依据若干个指标从有限的几个可行方案中选取最优的一个方案,具体应该综合考虑工程地质条件、施工条件、施工技术的可能性等多方面因素择优选用。合理选择桩型是桩筏基础优化设计中的一项重要而又关键的问题。

⑥ 混凝土灌注桩是直接在桩位上通过机械钻孔、钢管挤土或人工挖掘等手段就地成孔,然后在孔内安放钢筋笼浇筑混凝土而成,按照成孔方法不同,灌注桩可分为钻孔灌注桩、沉管灌注桩和人工挖孔灌注桩等几类。灌注桩与预制桩相比,其优点是不受地质条件

的限制、适应性比较强；机械化作业，施工工序简单，钢筋笼、混凝土可集中加工、配送，也可以现场加工，灵活方便；刚度大，单桩承载力高，不需要接桩和截桩，节约钢材，成本低；施工噪声小，适合在建筑密集的市区施工等。但不可避免的也存在一些缺点，比如其施工属于隐蔽工程，影响桩质量的人为因素较多，质量控制难度大，容易形成断桩、缩颈、沉渣等质量问题；用泥浆护壁成孔时，会产生大量的泥浆垃圾，对环境影响大。

钻（冲）孔灌注桩是指根据设计桩径用钻机在桩孔位置处钻土成孔，达到设计深度后清除孔底残渣，安放钢筋笼，最后浇灌混凝土而成的桩。钻孔灌注桩在施工过程中无挤土、无振动、噪声小、且桩径不受限制，但是泥浆沉淀不易清除，影响桩端承载力的发挥，并造成较大的沉降。钻（冲）孔灌注桩适用条件：适用范围最广，通常适用于持力层层面起伏较大，桩身穿越各类土层以及夹层多、风化不均、软硬变化大的岩层；如持力层为硬质岩层或土层中夹有大块石等，应采用冲孔灌注桩；钻（冲）孔灌注桩施工时需要使用泥浆护壁，对于施工现场有一定限制或对环境保护要求较高时，最好不宜采用。

⑦ 沉管灌注桩是利用锤击打桩设备或振动沉桩设备，将带有钢筋混凝土的桩尖（或钢板靴）或带有活瓣式桩靴的钢管沉入土中（钢管直径应与桩的设计尺寸一致）形成桩孔，然后放入钢筋骨架并浇筑混凝土，随之拔出套管，利用拔管时的振动将混凝土捣实，便形成所需要的灌注桩。沉管灌注桩设备简单、施工方便、造价低、施工速度快，同时在钢管内无水环境下沉放钢筋和浇灌混凝土，为桩身混凝土的质量提供了保障，但由于桩管口径的限制，影响单桩承载力，且在拔除套管时，如果提管速度过快容易造成缩颈、夹泥，甚至断桩。沉管过程中产生的挤土效应除产生与预制桩类似的影响外，还可能使混凝土尚未硬结的邻桩被间断，为了避免这种情况，在实际工程中可以通过控制提管速度，采用跳打顺序进行施工。

沉管灌注桩适用条件：适用于持力层层面起伏较大且桩身穿越的土层主要为高、中压缩性黏性土；遇到淤泥层时处理比较困难；在击实数 $N$ 大于 30 的砂层中沉桩困难当桩群密集且为高灵敏度软土时则不适用。挖孔桩可采用人工成孔或机械成孔，当采用人工成孔时应边开挖边支护，达到所需设计深度后再进行扩孔、清孔、安装钢筋笼及浇灌混凝土。人工挖孔桩可以明确土层情况，直接观察地质变化情况；孔底易清除干净、设备简单、噪声小；场区内可以多桩孔同时施工，施工速度快；可以适应市区内狭小场地施工，且桩径大、适应性强，比较经济。但由于挖孔时可能存在流砂、塌孔、有害气体、缺氧等危险，易造成安全事故，因此应严格执行有关安全生产的规定。人工挖孔桩适用条件：适用于地下水位较深，或能采用井点降水的地下水位较浅、持力层较浅且持力层以上无流动性淤泥质土中的大直径桩。成孔过程可能出现流砂、涌水、涌泥的地层不宜采用。

随着灌注桩的应用与发展，很多新的桩型及成桩工艺也在不断地涌现出来。桩端（侧）

压力注浆技术,是指在各种形式的灌注桩灌注前在桩身预埋注浆管和注浆头,等桩体混凝土初凝后,用高压注浆泵先清水开塞然后向桩端或桩侧注水泥浆的一种施工技术。采用该技术仍可保留各种灌注桩的优点,且大幅度提高桩的承载力,增强桩承载性状的稳定,减少建筑物的整体沉降和不均匀沉降,效果好、速度快,可以节省大量成本,且解决了钻孔灌注桩易断桩、桩端虚土及局部扩径等问题。经实践证明,灌注桩后注浆适用于除沉管灌注桩外的各种钻、挖、冲孔灌注桩,并取得良好的效果,近年来得到了不断的发展和广泛的应用。挤扩支盘灌注桩是在普通钻孔灌注桩施工工艺的基础上,增加了一道挤扩工序而形成的多支节变截面桩。与普通灌注桩相比,因桩底端及桩身多个断面面积大幅度增大,单桩竖向承载力提高很多,节约原材料 30%,可节省桩基总造价的 20%～30%,同时由于缩短桩长、减小桩径或桩数,从而也缩短了工期,且设计灵活,是一种比较经济和高效的桩型,适用于黏性土为主的摩擦型桩基,近几年也得到较快的发展;大直径现浇混凝土薄壁筒桩是在沉管灌注桩的基础上加以改进发展而成的一种新桩型,也称薄壳沉管灌注桩。采用振动沉模、现场浇注混凝土的一次性成桩技术,一般采用环形桩尖。就目前沉桩能力及其性状而言,大直径筒桩适用于饱和软土、一般黏土、粉土中。

随着桩基础的不断发展,势必会有更多的新的桩型及成桩工艺涌现出来,所以相关工作人员应该充分积累工作经验,对于传统的桩型有确切的认识及定位,并与时俱进加强对新的桩型的了解与掌握,对于具体工程具体分析,在多种选择中确定一种合理的桩型及成桩工艺也是桩筏基础优化设计的一项关键工作,必然会产生较大的经济效益与社会效益。

(9) 基坑工程。

① 本工程基坑为地下二层,埋深 10.8～11.4 m,属于二级基坑。根据周边环境条件,本工程基坑环境保护等级为三级。

② 本工程基坑围护体可考虑采用钻孔灌注桩排桩加三轴搅拌桩方案或其他有经验的围护方案。

③ 基坑开挖时应注意,第③层淤泥质粉质黏土及第④层灰色淤泥质粉质黏土中,这 2 层土会因卸荷会造成坑底土的回弹隆起。

④ 第③$_1$ 层为饱和粉性土层,该层在振动作用下可能产生液化,基坑开挖时,在水头差的作用下,易产生管涌及流砂现象,故需采取适当的挡土、隔水等围护措施,并同时在开挖时采取降水措施,保证基坑的安全。

⑤ 本工程应进行必要的监测工作,随时掌握围护结构及基坑周围土体的位移和应力变化情况,同时对周边既有建筑物、道路等合理布置监测点,做到信息化施工,确保基坑施工质量与施工安全。

## 5.3 数值模拟

### 5.3.1 模型介绍

由于本项目工程量较大,本次建模仅针对项目南区(13A-01A)进行,在整个建模过程中,对实际工程进行了一定的简化。具体构件参数信息见表5-3。

表5-3 建筑构件参数表

| 构件 | 单元类型 | 模型类型 | 尺寸(m) | 弹性模量 $E$(GPa) | 泊松比 $\nu$ | 混凝土等级 |
|---|---|---|---|---|---|---|
| 梁 | 1D | 弹性 | 0.8 m×0.8 m | 29 | 0.2 | C30 |
| 板 | 2D | 弹性 | 厚:0.15 m | 29 | 0.2 | C30 |
| 柱 | 1D | 弹性 | 0.8 m×0.8 m | 29 | 0.2 | C35 |
| 桩 | 1D | 弹性 | 直径:0.8 m 长:34 m、28 m | 32 | 0.2 | C30 |
| 筏板 | 3D | 弹性 | 厚:0.7 m | 32 | 0.2 | C30 |
| 剪力墙 | 2D | 弹性 | 厚:0.4 m | 32 | 0.2 | C35 |

本模型土体本构模型采用 Mohr-Coulomb 模型,根据工程勘测报告及工程经验可确定本模型现场土层共分为六层,分别为填土、粉质黏土①、淤泥质土、黏土、粉质黏土②、砂土。具体土体参数见表5-4。

表5-4 土体参数表

| 层号 | 土 体 | 土层厚度 $H$(m) | 土体重度 $\gamma$(kN/m³) | 弹性模量 $E_s$(MPa) | 泊松比 $\nu_s$ | 黏聚力 $c$(kPa) | 摩擦角 $\varphi$(°) |
|---|---|---|---|---|---|---|---|
| 1 | 填土 | 1 | 17.0 | 22.5 | 0.33 | 10 | 15 |
| 2 | 灰黄色粉质黏土 | 3 | 19.4 | 21.3 | 0.32 | 27 | 21.5 |
| 3 | 灰色淤泥质粉质黏土 | 6 | 17.6 | 26.1 | 0.31 | 13 | 19 |
| 4 | 灰色淤泥质黏土 | 19.5 | 19.5 | 20.4 | 0.33 | 11 | 12.5 |
| 5 | 灰色黏土 | 15 | 18.1 | 29.5 | 0.33 | 16 | 20.5 |
| 6 | 暗绿色粉质黏土 | 5 | 19.7 | 32.3 | 0.32 | 42 | 22.5 |
| 7 | 灰绿色砂质粉土 | 4 | 18.9 | 35.7 | 0.32 | 7 | 34.5 |
| 8 | 灰黄色粉砂 | 18 | 19.5 | 40.4 | 0.32 | 4 | 35.5 |
| 9 | 灰色粉砂 | 20 | 19.0 | 44.7 | 0.31 | 3 | 36.5 |

本模型离散图如图 5-4～图 5-6 所示。

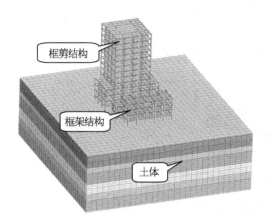

图 5-4　建筑-土体有限元离散图

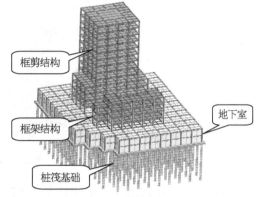

图 5-5　建筑结构有限元离散图

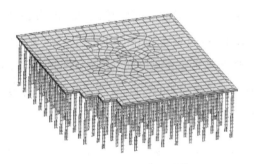

图 5-6　桩筏基础有限元离散图

## 5.4　数值模拟结果分析

### 5.4.1　Z 向沉降分析

图 5-7 为建筑-土体不同方向沉降图。

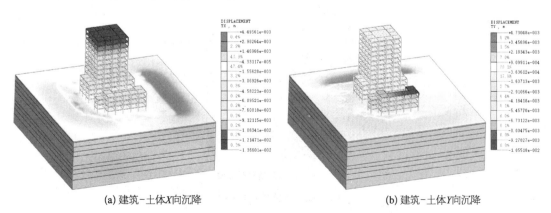

(a) 建筑-土体X向沉降　　　　　　　(b) 建筑-土体Y向沉降

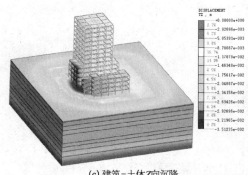

(c) 建筑-土体Z向沉降

图 5-7　建筑-土体不同方向沉降图

由图 5-7a 可以看出,建筑-土体在 $X$ 向上整体沉降位移呈现上部沉降位移大,下部沉降位移小的特点,建筑右侧的填土沉降小,建筑左侧的填土沉降位移大的特点。由图 5-7b 可以看出,建筑-土体在 $Y$ 向上呈现框架结构上部沉降位移大,下部沉降位移小,框剪结构建筑沉降位移基本均匀的特点,建筑前侧的填土沉降大,建筑后侧的填土沉降位移小的特点。由图 5-7c 可以看出,建筑-土体在 $Z$ 向上呈现框架结构部分左侧沉降位移大,框架结构右侧部沉降位移小,框剪结构建筑沉降位移基本均匀的特点,建筑四周填土沉降分布较为均匀的特点。

图 5-8 为建筑不同方向沉降图。

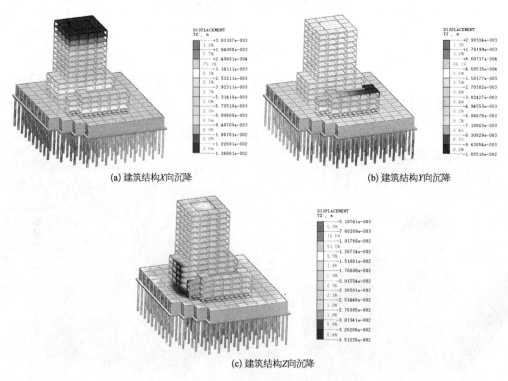

(a) 建筑结构X向沉降　　　　　　　　　　(b) 建筑结构Y向沉降

(c) 建筑结构Z向沉降

图 5-8　建筑结构沉降图

由图 5-8a 可以看出,建筑在 $X$ 向上整体沉降位移呈现上部沉降位移大,下部沉降位移小的特点,桩筏基础左侧部分沉降位移小,右侧沉降位移大。由图 5-8b 可以看出,建筑在 $Y$ 向上呈现框架结构上部沉降位移大,下部沉降位移小,框剪结构建筑沉降位移基本均匀的特点,桩筏基础前部沉降位移小,后部沉降位移大的特点。由图 5-8c 可以看出,建筑在 $Z$ 向上呈现框架结构部分左侧沉降位移大,框架结构右侧部沉降位移小,框剪结构建筑沉降位移基本均匀的特点,桩筏基础在框剪部分沉降大,框架和地下室部分沉降小的特点。

### 5.4.2　建筑扭转位移图

图 5-9 为建筑扭转位移图。

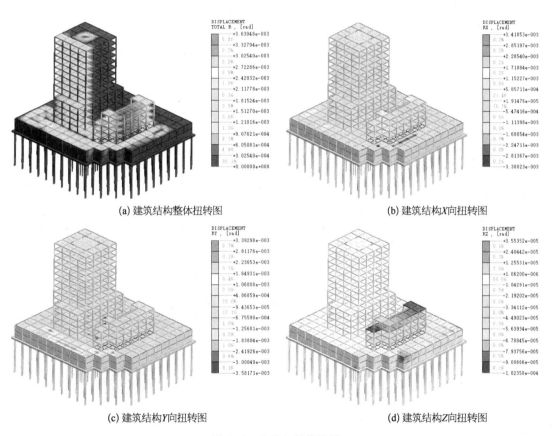

(a) 建筑结构整体扭转图　　　　　　　(b) 建筑结构X向扭转图

(c) 建筑结构Y向扭转图　　　　　　　(d) 建筑结构Z向扭转图

图 5-9　建筑扭转位移图

### 5.4.3　桩基与筏板沉降图

图 5-10 为桩基与筏板沉降图。

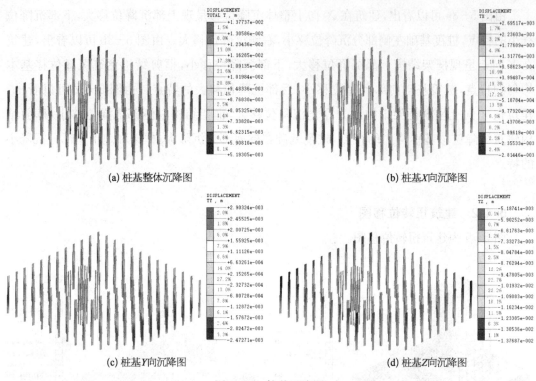

(a) 桩基整体沉降图　　　　　　　(b) 桩基X向沉降图

(c) 桩基Y向沉降图　　　　　　　(d) 桩基Z向沉降图

图 5-10　桩基沉降图

图 5-11 为有限元模拟与工程设计的筏板沉降对比图。

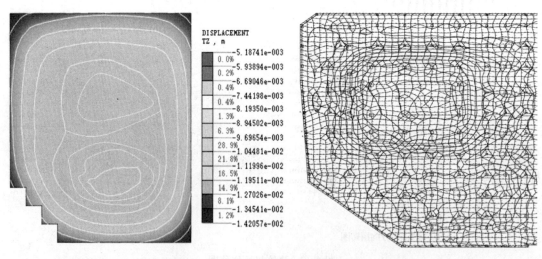

图 5-11　筏板沉降对比图

　　由图可以看出,筏板沉降呈现框剪结构下沉降较大,框架结构下沉降较小的特点,这是因为两者荷载不同,两幅图的沉降规律曲线基本接近。因此,数值模拟结果与工程设计结果较为相似,很好地检验了其合理性。

### 5.4.4　桩基扭转图

图 5-12 为桩基扭转图。

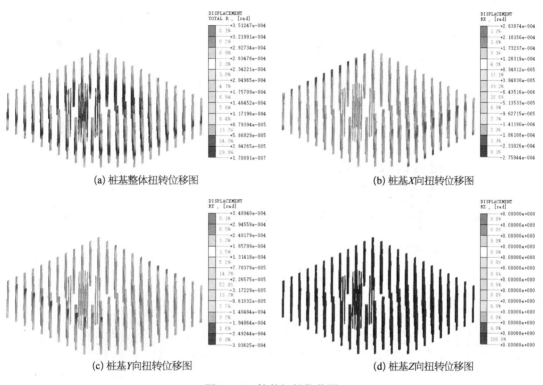

(a) 桩基整体扭转位移图　　　　　(b) 桩基X向扭转位移图

(c) 桩基Y向扭转位移图　　　　　(d) 桩基Z向扭转位移图

图 5-12　桩基扭转位移图

### 5.4.5　桩基内力及应力云图

图 5-13 为桩基不同方向剪力图，图 5-14 为桩基不同方向弯矩图，图 5-15 为桩基各状态应力图。

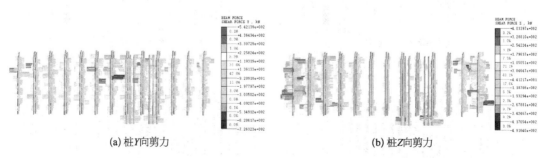

(a) 桩Y向剪力　　　　　　　(b) 桩Z向剪力

图 5-13　桩基不同方向剪力图

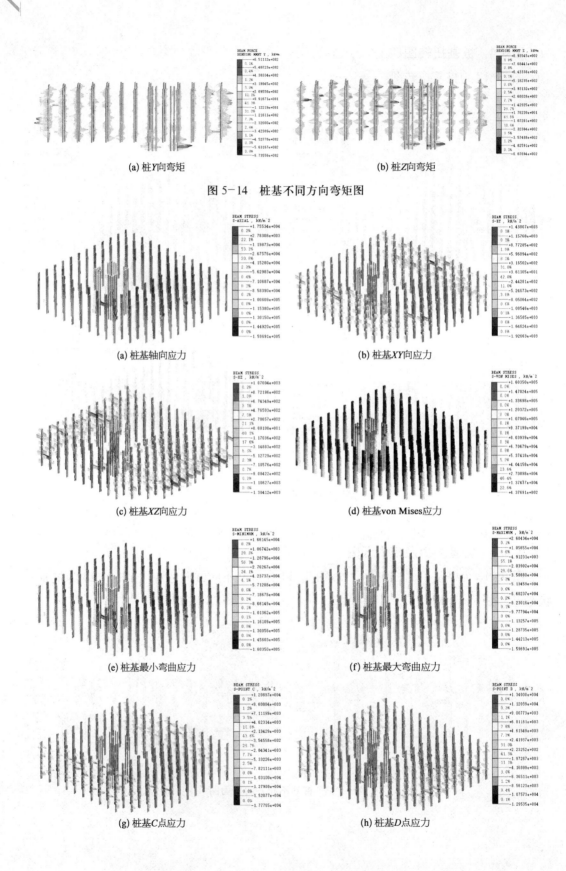

(a) 桩Y向弯矩

(b) 桩Z向弯矩

图 5-14　桩基不同方向弯矩图

(a) 桩基轴向应力

(b) 桩基XY向应力

(c) 桩基XZ向应力

(d) 桩基von Mises应力

(e) 桩基最小弯曲应力

(f) 桩基最大弯曲应力

(g) 桩基C点应力

(h) 桩基D点应力

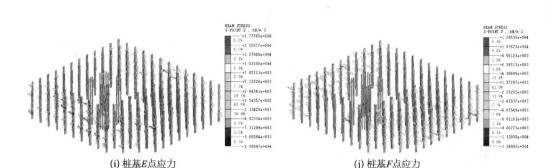

(i) 桩基E点应力　　　　　　　　　　(j) 桩基F点应力

图 5-15　桩基应力图

### 5.4.6　上部结构内力云图

图 5-16 为上部结构框架部分不同方向下的剪力图。

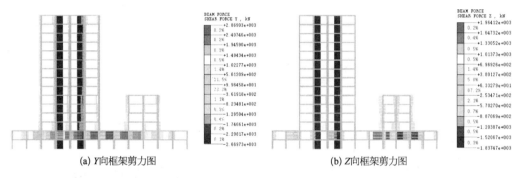

(a) Y向框架剪力图　　　　　　　　　　(b) Z向框架剪力图

图 5-16　不同方向框架部分剪力图

由图 5-16a 可以看出,$Y$ 向剪力主要分布于地下室首层的梁、柱部分。由图 5-16b 可以看出,$Z$ 向剪力主要分布于四层框架结构的下部及框剪结构下部的少部分范围。

图 5-17 为上部结构弯矩图,图 5-18 为楼板及地下室侧墙剪力云图,图 5-19 为楼板及地下室侧墙弯矩云图,图 5-20 为楼板、地下室侧墙剪应力云图,图 5-21 为楼板、地下室侧墙应力云图,图 5-22 为楼板、地下室侧墙最大、最小主应力云图。

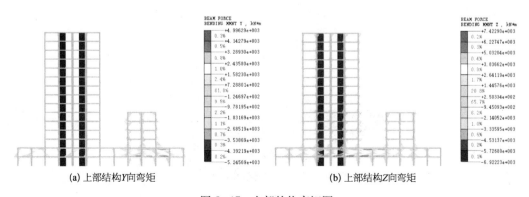

(a) 上部结构Y向弯矩　　　　　　　　　　(b) 上部结构Z向弯矩

图 5-17　上部结构弯矩图

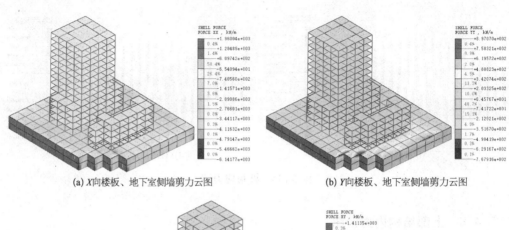

(a) X向楼板、地下室侧墙剪力云图      (b) Y向楼板、地下室侧墙剪力云图

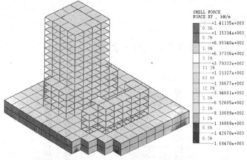

(c) XY向楼板、地下室侧墙剪力云图

图 5-18　楼板、地下室侧墙剪力云图

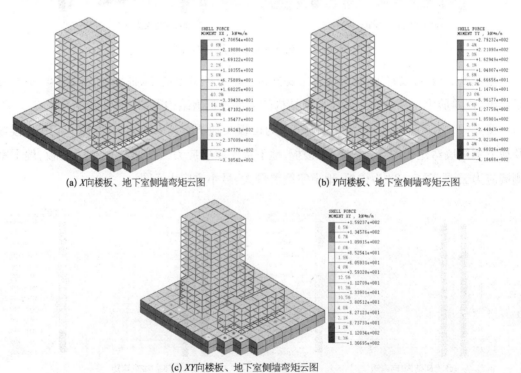

(a) X向楼板、地下室侧墙弯矩云图      (b) Y向楼板、地下室侧墙弯矩云图

(c) XY向楼板、地下室侧墙弯矩云图

图 5-19　楼板、地下室侧墙弯矩云图

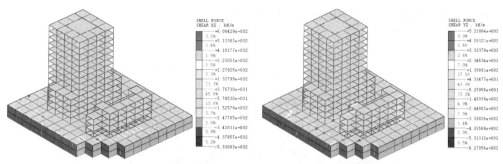

(a) XZ向楼板、地下室侧墙剪应力云图　　　　(b) YZ向楼板、地下室侧墙剪应力云图

图 5-20　楼板、地下室侧墙剪应力云图

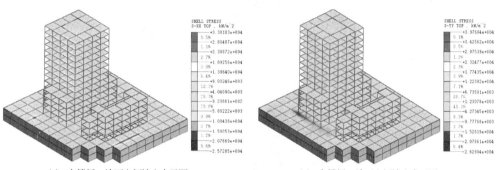

(a) X向楼板、地下室侧墙应力云图　　　　(b) Y向楼板、地下室侧墙应力云图

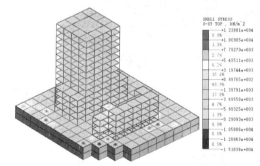

(c) XY向楼板、地下室侧墙应力云图

图 5-21　楼板、地下室侧墙应力云图

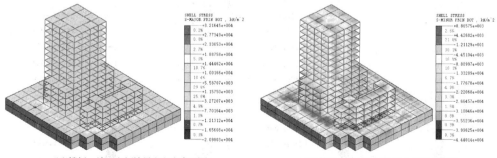

(a) 楼板、地下室侧墙最大主应力云图　　　　(b) 楼板、地下室侧墙最小主应力云图

图 5-22　楼板、地下室侧墙最大、最小主应力云图

图5-23 为楼板、地下室侧墙最大剪应力云图。

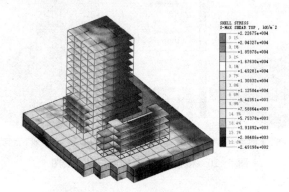

图 5-23　楼板、地下室侧墙最大剪应力云图

图5-24 为楼板、地下室侧墙 von Mises 剪应力云图。

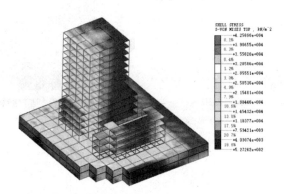

图 5-24　楼板、地下室侧墙 von Mises 剪应力云图

图5-25 为剪力墙不同方向剪力云图。

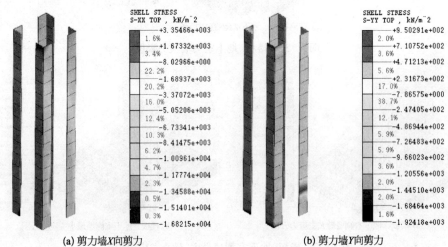

(a) 剪力墙X向剪力　　　　　　　(b) 剪力墙Y向剪力

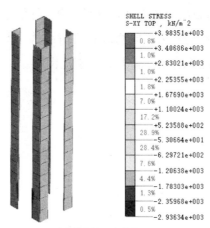

(c) 剪力墙XY向剪力

图 5-25 剪力墙不同方向剪力云图

图 5-26 为剪力墙不同方向弯矩云图。

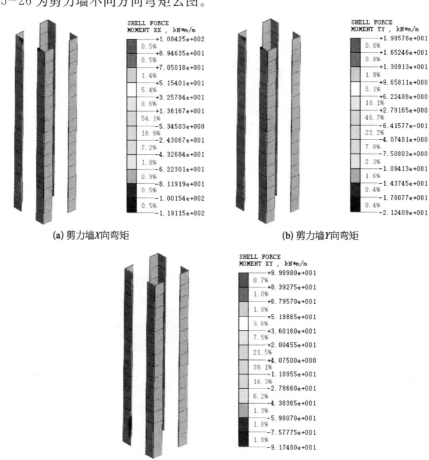

(a) 剪力墙X向弯矩

(b) 剪力墙Y向弯矩

(c) 剪力墙XY向弯矩

图 5-26 剪力墙不同方向弯矩云图

　　针对上海奉贤区南桥新城项目进行实体建模分析,通过有限元分析结果可知,在上部结构不同刚度条件下,桩筏基础采用不同物理和几何结构参数在实际工程中是完全可行的,上部结构与基础的整体沉降、差异沉降均在合理范围内。

第 6 章

结 论 与 展 望

本书不仅将大底盘多塔楼结构桩基与基础优化过程展现得淋漓尽致,同时考虑不同施工环境下对邻近建筑的影响进行了详细的分析,最后通过工程实例验证了研究的正确性。

## 6.1 结论

### 6.1.1 基坑开挖对邻近浅基础框架建筑的影响

(1)当 $\alpha$ 为任意角度时,建筑物墙体将发生倾斜。当 $D$ 值为定值时,建筑物纵墙的倾斜随着夹角 $\alpha$ 的增大逐渐增大,横墙倾斜变化规律则反之。当 $\alpha$ 为定值时,纵墙的倾斜值则随着 $D$ 值的增大而逐渐减小。当 $\alpha\neq90°$ 时,建筑物将产生横、纵向水平位移,且当 $D$ 值保持不变时,其横、纵向水平位移最大值均随着其角度 $\alpha$ 的增大逐渐减小。当建筑物与基坑边夹角相同时,其横、纵向水平位移最大值则随着其与基坑边水平距离 $D$ 的增大,而先增大后减小。当 $D=1\,m$ 时,正立面纵墙相对挠曲呈单纯的下凹形态。除 $\alpha=30°$ 所对应正立面纵墙发生较明显的下凹挠曲变形外,建筑物正立面纵墙随着与水平距离 $D$ 的增大,将逐步转变为"∽"形、上凸挠曲变形。正立面纵墙下凹形态的相对挠曲变形最大值和上凸形态的相对挠曲变形度最大值分别发生在 $\alpha=90°$ 且跨越坑外土体沉降最大点和上凸挠曲曲率最大点值位置。当 $\alpha\neq90°$ 时,建筑物整体结构将会发生扭转变形,并且伴随着建筑物逐渐远离基坑开挖面,建筑物将逐步由逆时针扭转变形转变为顺时针扭转变形。当 $\alpha$ 为任意角度时,其纵墙将在扭转、挠曲变形的协同作用下产生相应的主拉应变,此时建筑物挠曲、扭转变形的协同作用成为影响纵墙拉应变的主要因素,由此说明,一般大小的复合变形作用同样会降低邻近建筑结构的可靠性。

(2)梁、柱刚度损伤直接影响建筑物整体刚度,从而决定了其对基坑开挖面外部土体位移场约束作用的强弱,但二者的变形规律大致相同。

(3)当梁、柱刚度损伤较小时,建筑沉降曲线近似直线分布,原因在于建筑刚度的协调作用较为明显,其相对挠曲变形和纵墙拉应变较小,随着梁、柱刚度损伤的增大,建筑物整体刚度逐渐减小,其对基坑开挖面外部土体沉降变形的抑制协调作用亦随之减弱,建筑物沉降曲线将逐步呈现出较为明显下凹和上凸形态。

(4)梁、柱刚度分别损伤条件下,建筑物相对挠曲呈现下凹形态,梁刚度对加强建筑整体刚度的作用明显高于柱的作用。当建筑相对挠曲呈现上凸形态时,柱刚度对加强建筑整体刚度的作用明显高于梁的作用。

### 6.1.2 基坑开挖卸荷作用下大底盘多塔楼变形的影响

(1)基坑开挖会使大底盘多塔楼桩基产生指向基坑位置的侧移。随着基坑开挖深度的增加,桩基的侧移不断增大;距离基坑开挖中心越近,桩基侧移越大,且最大变形位置在桩底,距离基坑较远的桩基最大变形位置发生在桩顶。

(2)基坑开挖会使大底盘多塔楼桩基产生不均匀沉降。随着基坑开挖深度的增加,桩基的沉降不断增大,且越靠近基坑开挖中心位置,桩体沉降越大。基坑开挖边缘附近的桩体会产生上浮但整个深度范围内桩体沉降差异较小。

(3)基坑开挖会使大底盘多塔楼筏板发生变形,且整个开挖过程中筏板的变形呈对称分布。基坑开挖深度较小时,基坑邻近的筏板会发生隆起变形,其他位置发生沉降变形;随着基坑开挖深度的增加,筏板呈中间大边缘小的"半碟形"分布。

(4)基坑开挖会使大底盘多塔楼上部结构发生变形,且整个开挖过程中筏板的变形呈对称分布。基坑开挖深度较小时,基坑邻近的大底盘发生隆起变形,其他位置均发生沉降变形;随着开挖深度的增加,塔楼向中间位置发生倾斜;基坑中心附近大底盘产生明显的下凹变形,基坑开挖边缘附近大底盘发生轻微的隆起变形。

### 6.1.3  竖向荷载作用下大底盘多塔楼结构桩筏基础优化设计

(1)在大底盘多塔楼桩筏基础优化设计中,应当考虑上部塔楼的分布形式和结构特点,不同结构形式会产生不同荷载影响效应。

(2)针对大底盘多塔楼使用的桩筏基础,在工程上不建议使用等刚度布桩,因为会产生较大的差异沉降,即"碟形沉降",且上部结构内力并不处于最优的状态,同时也并不利于工程经济的控制,因此在其设计时应当考虑变刚度调平原则,在荷载较大或上部结构复杂的部分采用长桩和厚筏板,在荷载较小或上部结构单一的部分采用短桩甚至不布桩。

(3)对于减小基础差异沉降最有效的方法就是增大桩长,改变桩间距以及桩径对整个基础减沉影响效果不明显。

(4)不同的桩筏基础布置方案影响到上部结构的内力分布,因此优化过程也应当考虑上部结构的内力分布。

### 6.1.4  工程实例项目对比

(1)实例证明,在荷载较大的框架-剪力墙结构下布置长桩、厚筏板,在荷载较小的商业裙房下布置短桩,对调整基础整体沉降与差异沉降是可行的、合理的。

(2)软土地区设计桩筏基础时,应当重视地下水对桩基产生的浮力现象,因此设置抗拔桩对于保证基础和建筑整体的稳定性是必要的。

## 6.2 展望

（1）本书土体模型采用 Mohr-Coulomb 模型，通过对土体物理参数的精细化，使得有限元计算所得结果更具有准确性和合理性，但该土体模型并未将实际工程中地层土体的各向异性特性加以考虑，因此所得精细化分析的结果仍存在一定的缺陷。故而，在未来研究中，需将土层的各向异性特性参数化，并应用于土体的本构模型。

（2）为简化有限元模拟，模型中基坑尺寸规整，并未对复杂的基坑尺寸加以考虑。地下连续墙尺寸、刚度及插入深度固定，因此不能全面地研究不同围护结构变形条件下建筑物受基坑开挖影响的变形。因此，未来研究中需将上述参数更加丰富化，从而使得模拟结果更加贴近实际，具有普遍性。

（3）本书对建筑物进行了细致化模拟，考虑了不同结构形式对建筑物变形的影响，包括开放式框架、填充式框架及砌体结构。对于各结构形式建筑物，不仅模拟了建筑物横、纵墙、隔墙以及楼板，此外还将墙体不同开洞比加以考虑，使得建筑物模型更加符合实际，其分析结构更具参考价值。但是，建筑物模型所涉构件均采用理想弹性模型，其应力-应变关系与实际存在较大差距，不能充分体现建筑物构件裂缝对其变形的影响。建筑物基础形式采用浅埋条形基础，其基础形式、尺寸及埋深单一。

（4）本书在进行建筑物受基坑开挖影响的变形分析时，将建筑物与基坑相对距离、不同角度及梁、柱不同刚度加以考虑，从而进行了较为深入的分析，并针对各种工况提出了建筑物的不利情况，对工程实践提供了一定参考价值。因此，需要对各工况不利情况提出相应的加固保护措施。

对于大底盘多塔楼结构桩基与基础优化设计，成熟的理论体系尚未建成，工程施工案例中对于变刚度调平的运用并不多见，因此未来需要在优化理论体系上继续研究，同时应积极将理论研究成果运用于工程实际中。相信在不久的将来，随着研究人员的不断探索，大底盘多塔楼结构桩基与基础优化设计研究会更加完善。

# 参考文献

［1］ Randolph M F. Design methods for pile groups and piled rafts[C]// Proceedings of the 13th International Conference on Soil Mechanics and Foundation Engineering. New Delhi, 1994(5)：61 - 82.

［2］ 陈祥福.沉降计算理论与工程实例[M].北京：科学出版社,1997.

［3］ 阳吉宝,赵锡宏.高层建筑桩箱(筏)基础的优化设计[J].计算力学学报,1997,14(2)：241 - 244.

［4］ 李海峰,陈晓平.高层建筑桩筏基础优化设计研究[J].岩土力学,1998,19(3)：59 - 64.

［5］ 龚晓南,陈明中.桩筏基础设计方案优化若干问题[J].土木工程学报,2001,34(4)：107 - 110.

［6］ 陈明中,龚晓南,应建新,等.用变分法解群桩-承台(筏)系统[J].土木工程学报,2001,34(6)：67 - 73.

［7］ Leung Y F, Klar A, Soga K. Theoretical study on pile length optimization of pile groups and piled rafts[J]. Journal of Geotechnical and Geoenvironmental Engineering, 2008, 136(2)：319 - 330.

［8］ 李宝华,韩静云.高层建筑地基基础概念设计浅析[J].科技信息,2008,7(19)：442 - 443.

［9］ 张乾青,张忠苗.桩筏基础与地基共同作用的半解析半数值分析法[J].土木建筑与环境工程,2011,36(5)：103 - 110.

［10］ 杨明辉,张小威.层状土中考虑群桩相互影响效应的简化算法[J].中南大学学报,2011,18(6)：2131 - 2136.

［11］ 姜文辉,巢斯.上海中心大厦桩基础变刚度调平设计[J].建筑结构,2012,34(6)：132 - 134.

［12］ 周峰,林树枝.实现桩土共同作用的机理及若干方法[J].建筑结构,2012,20(3)：140 - 143.

[13] 肖俊华,赵锡宏.软土地区深埋桩筏基础沉降实测与反分析[J].岩土力学,2016,37(6):1680-1688.

[14] 陈龙珠,梁发云,陈海斌.群桩基础水平动力响应简化边界元频域解答[J].岩土工程学报,2014,36(6):1057-1063.

[15] Ghalesari A T, Barari A, Amini P F, et al. Development of optimum design from static response of pile-raft interaction[J]. Journal of Marine Science and Technology, 2015,125(2):1-13.

[16] 刘昌军,孟凡慈,刘畅.刚性桩复合地基变刚度调平设计方法及应用[J].建筑结构,2016,30(S1):774-777.

[17] 刘伟鹏,曾超峰,王成华.基于混沌粒子群算法的桩基础优化设计方法[J].建筑结构,2016,24(2):76-81.

[18] 张建辉.双参数地基板的无单元法[J].岩土工程学报,2005,27(7):776-779.

[19] 何艳平,王冠英,张思峰.长短桩组合桩基础设计的分析与应用[J].建筑科学,2005,25(5):32-36.

[20] 杨敏,杨桦,王伟.长短桩组合桩基础设计思想及其变形特性分析[J].土木工程学报,2005,38(12):103-108.

[21] 王伟,杨敏.竖向荷载下桩基础弹性分析的改进计算方法[J].岩土力学,2006,27(8):1403-1406.

[22] 王伟,杨敏,王红雨.竖向荷载下桩基础的通用分析方法[J].土木工程学报,2006,39(5):96-101.

[23] 陈亚东,宰金珉.桩筏基础桩-土相互作用的数值分析[J].建筑技术,2008,39(5):377-380.

[24] 彪仿俊,王传甲,薛炳,等.空中华西村结构与桩筏共同作用研究[J].建筑结构,2008(8):123-126.

[25] 尹骥.基于地基-基础-上部结构共同作用分析的长短PHC管桩基础处理[J].岩土工程学报,2011,33(S2):265-270.

[26] 郭院成,张四化,李明宇.长短桩复合地基试验研究及数值模拟分析[J].岩土工程学报,2010,23(S2):232-235.

[27] 李庆,曹恒亮.长短桩基组合有限元分析及设计研究[J].水利建设与管理,2011,31(5):6-9.

[28] 武志玮,刘国光,徐有华.长短桩基础在某工程设计中的应用[J].四川建筑科学研究,2012,38(2):130-133.

[29] 李永乐,王茜.上部结构-桩基-地基共同作用数值分析及桩基变刚度调平优化设计[J].水文地质工程地质,2013,40(1):64-72.

[30] 寿明鑫.某大底盘超高层建筑基础设计[J].工业建筑,2013,43(3):142-146.

[31] 赵昕.超高层建筑桩筏基础筏板弯矩时变效应分析[J].建筑结构,2016,33(2):65-70.

[32] 周峰,宰金珉,梅国雄.广义复合基础的设计方法及应用[J].南京工业大学学报,2009,31(3):87-91.

[33] 刘金砺,迟铃泉.桩土变形计算模型和变刚度调平设计[J].岩土工程学报,2000,22(S2):151-157.

[34] 杨桦.长短桩组合桩基础工作性状及工程设计问题研究[D].上海:同济大学,2006.

[35] 钱晓丽.竖向荷载下变刚度群桩变形性状研究[J].岩土工程学报,2008,30(10):1454-1459.

[36] 王涛.变刚度调平布桩模式下筏底地基土承载性状研究[J].岩土工程学报,2011,33(7):1014-1021.

[37] Basuony E G, Ahmed A G, Abdel F Y, et al. Behavior of raft on settlement reducing piles: Experimental model study[J]. Journal of Rock Mechanics and Geotechnical Engineering, 2013, 5(5):389-399.

[38] 刘传平.复杂地质条件下不对称双塔高层建筑复合桩基设计研究[J].岩土工程学报,2013,35(S2):1113-1116.

[39] Abdrabbo F M, El-wakil A Z. Behavior of pile group incorporating dissimilar pile embedded into sand[J]. Alexandria Engineering Journal, 2015, 54(2):175-182.

[40] 王涛.变刚度调平设计中桩基承载性状研究[J].岩土工程学报,2015,37(4):641-649.

[41] 蒋刚,江宝,王旭东,等.桩间距对桩筏基础结构性能影响的模型试验研究[J].岩石力学与工程学报,2015,32(7):1504-1512.

[42] 肖俊华,赵锡宏.软土地区深埋桩筏基础沉降实测与反分析[J].岩土力学,2016,37(6):1680-1688.

[43] Peck R B. Deep excavations and tunnelling in soft ground[C]//Proceedings 7th International conference on SMFE. 1969:225-290.

[44] Clough G W, O'Rourke T D. Construction induced movements of insitu walls[C]//Design and performance of earth retaining structures. 1990:439-470.

[45] 郑刚,李志伟.不同围护结构变形形式的基坑开挖对邻近建筑物的影响对比分析

[J].岩土工程学报,2012,34(6):969-977.

[46] 刘国彬,王卫东.基坑工程手册(第二版)[M].北京:中国建筑工业出版社,2009.

[47] 郑刚,焦莹.深基坑工程设计理论及工程应用[M].北京:中国建筑工业出版社,2010.

[48] Goldberg D T, Jaworski W E, Gordon M D. Lateral Support Systems and Underpinning: Design and Construction[M]. Federal Highway Administration, Offices of Research & Development, 1976.

[49] O'rourke T D. Ground movements caused by braced excavations[J]. Journal of Geotechnical and Geoenvironmental Engineering, 1981, 107(9): 1159-1178.

[50] Ou C Y, Hsieh P G, Chiou D C. Characteristics of ground surface settlement during excavation[J]. Canadian Geotechnical Journal, 1993, 30(5): 758-767.

[51] Masuda T. Behavior of deep excavation with diaphragm wall[J]. Massachusetts Institute of Technology, 1993, 70(1): 7-10.

[52] Carder D R. Ground movements caused by different embedded retaining wall construction techniques[J]. TRL Report, 1995, 172(5): 147-157.

[53] Wong I H, Poh T Y, Chuah H L. Performance of excavations for depressed expressway in Singapore [J]. Journal of Geotechnical and Geoenvironmental Engineering, 1997, 123(7): 617-625.

[54] 刘兴旺,施祖元,益德清,等.软土地区基坑开挖变形性状研究[J].岩土工程学报, 1999,21(4):456-460.

[55] 崔江余,梁仁旺.建筑基坑工程设计计算与施工[M].北京:中国建材工业出版社,1999.

[56] 王建华,徐中华,陈锦剑,等.上海软土地区深基坑连续墙的变形特性浅析[J].地下空间与工程学报,2005,1(4):485-489.

[57] 王建华,徐中华,王卫东.支护结构与主体结构相结合的深基坑变形特性分析[J].岩土工程学报,2007,29(12):1899-1903.

[58] 丁勇春,王建华,徐斌.基于FLAC3D的基坑开挖与支护三维数值分析[J].上海交通大学学报,2009,43(6):976-980.

[59] 徐中华,王建华,王卫东.上海地区深基坑工程中地下连续墙的变形性状[J].土木工程学报,2008,41(8):81-86.

[60] 徐中华,王建华,王卫东.软土地区采用灌注桩围护的深基坑变形性状研究[J].岩土力学,2009,30(5):1362-1366.

[61] 武朝军,陈锦剑,叶冠林,等.苏州地铁车站基坑变形特性分析[J].岩土工程学报,

2010,32(S1)：458 - 462.

[62] 江晓峰,刘国彬,张伟立,等.基于实测数据的上海地区超深基坑变形特性研究[J].岩土工程学报,2010,32(S2)：570 - 573.

[63] Leung Y F，Klar A，Soga K，et al. Superstructure-foundation interaction in multi-objective pile group optimization considering settlement response[J]. Canadian Geotechnical Journal，2017，54(10)：1408 - 1420.

[64] Lee J H，Kim Y，Jeong S. Three-dimensional analysis of bearing behavior of piled raft on soft clay[J]. Computers and Geotechnics，2010，37(1)：103 - 114.

[65] Dang D C N，Kim D S，Jo S B. Settlement of piled rafts with different pile arrangement schemes via centrifuge tests[J]. Journal of Geotechnical and Geoenvironmental Engineering，2013，139(10)：1690 - 1698.

[66] 王维玉,赵拓.变桩长桩筏基础优化设计数值模拟分析[J].工程力学,2013,30(S1)：103 - 108.

[67] Farouk H，Farouk M. Soil，Foundation and superstructure interaction for plane two-bay frames[J]. International Journal of Geomechanics，2016，16(1)：B4014003.

[68] Sinha A，Hanna A M. 3D numerical model for piled raft foundation[J]. International Journal of Geomechanics，2017，12(2)：04016055.

[69] 陈洪运,马建林,陈红梅,等.桩筏结构复合地基中筏板受力分析的理论计算模型与试验研究[J].岩土工程学报,2014,36(4)：646 - 653.

[70] 聂庆科,杨海朋,胡晓勇.3 栋相邻高层建筑上部结构-基础-地基相互作用研究[J].建筑结构学报,2012,33(9)：87 - 95.

[71] 李志伟,郑刚.基坑开挖对邻近不同刚度建筑物影响的三维有限元分析[J].岩土力学,2013,34(6)：1807 - 1814.

[72] 王浩然,王卫东,徐中华.基坑开挖对邻近建筑物影响的三维有限元分析[J].地下空间与工程学报,2009,5(S2)：1512 - 1517.

[73] 赵宝利.苏州地区某超高层建筑基础优化设计[J].建筑结构,2011,26(2)：97 - 100.

[74] 郭秀丽.高层建筑平板式筏板基础设计计算与优化[J].山西建筑,2010,36(24)：102 - 103.

[75] 朱春明,刘金波,刘金砺,等.威海海悦大厦地基变刚度调平设计[J].建筑结构学报,2009,30(S1)：228 - 232.

[76] 张金兰.变刚度调平设计在高层建筑桩筏基础中的应用[J].建筑结构,2011,20(S2)：378 - 381.

[77] 杨坪,唐益群,马险峰,等.冲填土卸荷回弹变形离心模型试验研究[J].岩石力学与工程学报,2007,26(S2):4258-4263.

[78] 尚文红,钟玉柏,马臣杰,等.某大底盘多塔楼结构超长大底盘分析[J].建筑结构,2011,8(S1):483-487.

[79] 吴蓉蓉.大底盘多塔楼结构若干关键性设计技术问题研究[D].上海:同济大学,2008.

[80] 郑成浩.多塔楼大底盘整体地下结构关键问题的研究[D].上海:上海大学,2006.

[81] 张屹召.裙房层数及塔楼偏置度对高层建筑抗震性能的影响[D].青岛:青岛理工大学,2016.

[82] 杨威.大底盘多塔结构的设计分析与抗震研究[D].武汉:武汉理工大学,2014.

[83] 沈荣飞.复杂高层建筑结构的若干关键设计技术研究[D].上海:同济大学,2007.

[84] 范升.诸城兴华大厦双塔结构设计分析[D].青岛:青岛理工大学,2013.

[85] 陈翔.基于共同作用的短桩-承台式基础设计方法研究[D].淮南:安徽理工大学,2017.

[86] 包世华.新编高层建筑结构[M].北京:中国水利水电出版社,2013.

[87] 唐兴荣.特殊和复杂高层建筑结构设计[M].北京:机械工业出版社,2006.

[88] 陈远椿,张维斌,邓潘荣,等.多层及高层钢筋混凝土结构设计技术措施[M].北京:中国建筑工业出版社,2006.

[89] 徐至钧,赵锡宏.建筑桩基设计与计算:桩基变刚度调平设计[M].北京:机械工业出版社,2010.

[90] 史佩栋.实用桩基工程手册[M].北京:中国建筑工业出版社,1999.

[91] 中华人民共和国住房和城乡建设部.JGJ 94—2008 建筑桩基技术规范[S].北京:中国建筑工业出版社,2008.